重庆小曲白酒
生产技术

主编　刘升华

参编　周天银、龙运川、文明运、李　俊

　　　甘兴明、高怀昌、娄国平、刘中利

中国轻工业出版社

图书在版编目（CIP）数据

重庆小曲白酒生产技术 / 刘升华主编. —北京：中国
轻工业出版社，2018.3

ISBN 978-7-5019-8633-0

Ⅰ.①重… Ⅱ.①刘… Ⅲ.①小曲酒－酿酒－重庆
Ⅳ.① TS262.3

中国版本图书馆CIP数据核字（2016）第300022号

责任编辑：苏　杨

加工编辑：方朋飞　　责任终审：劳国强　　封面设计：邓子航　锋尚设计
版式设计：锋尚设计　　责任校对：吴大鹏　　责任监印：张　可

出版发行：中国轻工业出版社（北京东长安街6号，邮编：100740）

印　　刷：北京君升印刷有限公司

经　　销：各地新华书店

版　　次：2018年3月第1版第2次印刷

开　　本：889×1194　1/32　印张：6.625

字　　数：150千字

书　　号：ISBN 978-7-5019-8633-0　　　　　　定价：40.00元

邮购电话：010-65241695

发行电话：010-85119835　传真：85113293

网　　址：http://www.chlip.com.cn

Email：club@chlip.com.cn

如发现图书残缺请与我社邮购联系调换

180234K1C102ZBW

编写成员简介

刘升华（1937—），酿酒工艺高级工程师，重庆市酿酒大师，原重庆市糖酒公司副总经理、重庆市酒类研究所所长、重庆市酒类商品质量监督检验站站长、重庆市酒类管理协会专家组组长。长期从事酒类生产、科研和管理工作，在小曲酒酿造、生产研究、检测和酒类管理方面具有丰富的理论知识和实践经验。

周天银（1954—），酿酒高级工程师，重庆市酒类管理协会专家委员会委员，重庆市酿酒大师。

龙运川（1957—），工程师，白酒酿造高级技师，高级品酒师，中国食品工业协会第六、七、八、九届白酒国家评委，中国酒业协会2000届、2006届国家级白酒评委，重庆市酒类管理协会专家委员会委员、专家组副组长。

文明运（1952—），工程技术高级工程师，重庆市酒类管理协会专家委员会委员，西南大学食品科学学院客座教授，中国食品工业协会第六、七、八届白酒国家评委，重庆市酿酒大师。

李俊（1964—），高级品酒师、高级酿酒师，第六、七、八、九届白酒国家评委，2001届果露酒国家评委，重庆市酒类管理协会专家委员会委员。现任重庆江记酒庄有限公司董事长、总经理。

甘兴明（1956—），酿酒高级工程师、高级品酒师，重庆市酒类管理协会专家委员会委员，重庆市酿酒准大师。现任重庆江记酒庄有限公司技术顾问。

高怀昌（1960—），高级品酒师、高级酿酒师，重庆市酒类管理协会专家委员会委员，中国食品发酵工业研究院白酒顾问。现任重庆市酒类管理协会副秘书长。

娄国平（1967—），高级工程师、高级品酒师、高级酿酒师，重庆市白酒评委，重庆市酒类管理协会专家委员会委员。现任重庆江记酒庄有限公司生产总监。

刘中利（1973—），食品工程正高级工程师，高级品酒师、高级酿酒师，质量工程师、标准化工程师，中国酒业协会白酒技术委员会委员，中国食品工业协会第七、八、九届白酒国家评委，中国酒业协会2015届国家级白酒评委，重庆市酒类管理协会专家委员会委员，重庆市食品工业协会专家委员会委员，重庆市食品安全地方标准审评员，重庆市市长质量管理奖评审员。现任重庆江记酒庄有限公司副总经理。

前　言

　　小曲白酒在我国历史悠久，是具有传统特色的主要酒种之一，是白酒中用曲量最少的酒种，主要分布在重庆、四川、云南、贵州、湖南、湖北、广东、广西、福建、台湾等省（自治区、直辖市）。重庆小曲白酒是原四川小曲酒的主要组成部分，具有悠久的历史，其生产工艺具有独特性和先进性，原料蒸煮、培菌、糖化等工艺方面在中国白酒工艺中独树一帜。重庆小曲白酒是重庆酿酒工作者经过几代人的不懈努力，对重庆小曲白酒的工艺和设备不断改进和完善才创造出的风格独具特色、原料利用率高的酒种。其醇香清雅、糟香突出、回甜、协调、余味净爽的独特风格深受饮者喜爱。

　　全国目前有上万家小曲白酒生产厂，普遍规模小，条件差，技术落后，以至于出酒率不高，产品质量不稳定，需要有一套完整的生产工艺技术文件来指导和参考。本书编写人员具有从事酿酒操作与技术管理数十年的经验，在原重庆市糖酒公司副总经理、重庆市酒类研究所前所长、原重庆白酒专家组组长刘升华老前辈的带领下，汇集周天银、龙运川、文明运、李俊、甘兴明、高怀昌、娄国平、刘中利等重庆酿酒行业的专业技术人员编写了《重庆小曲白酒生产技术》一书。本书由三部分组成，第一部分介绍了重庆小曲白酒的发展与工艺技术创新历史；第二部分详细介绍了重庆小曲白酒的酿造工艺；第三部分摘选了重庆白酒行业近年来的主要科技研究成果和发明专利，以及重庆白酒专业技术人员在《酿酒》《酿酒科技》等国家核心期刊上发表的重庆小曲酒方面的代表性文章。本书旨在帮助广大酿酒工作者了解历史，在操作中借鉴经验，为促进小曲白酒可持续发展做贡献。

　　本书中提及的"酢"是指以一天的生产投料量统计的计量单位，"桶"是指发酵池（窖），"箱"是指培菌箱。

　　本书在编写过程中得到了重庆江小白酒业有限公司的大力支持；参考并

引用了很多作者的相关文章和文献资料，在此一并表示诚挚的谢意。

由于本书编写时间较仓促，且编者的水平有限，书中难免有不足和疏漏之处，敬请广大读者批评指正，并欢迎与编者进行交流，以不断改正和完善。

编者

2016年10月

目录

第一部分

重庆小曲白酒
发展历史

第一章

概　　况

　　重庆，美丽的山城，长江从这里穿越，嘉陵江在这里交汇，冲撞与融合在交汇的江面呈现一道美妙的景观，从此，河床更显宽阔，川流更显威力，浩浩荡荡追逐着涌向下游。或许，正是由于纵横密布的水系聚合，赋予了江河流域的神圣功能，锁定了重庆水上交通枢纽的早早形成；或许，正是处于长江中上游的重庆，拥有丰沛的水资源，促成了发达的商贸和兴盛的城市，造就了地域特有的生态文明与人文风貌。重庆，美丽的山城，历史长河中的"巴国"，很早很早就因地缘优势而产生文明。

　　重庆，位于中国西南部、长江上游地区的青藏高原与长江下游平原之间的过渡地带，所辖地带多为丘陵，山多平原少，但山地植被优良，既有原始森林，又有繁多的物种，还有珍贵而丰富的药材，众多奇特的山峦沟壑纵横交错，在温和的亚热带季风性湿润气候作用下，奇迹般地编织出大大小小的溪流与江河水网，长久地浸润着这里的大片土地，生态系统常年保持着平衡状态，显现一片生机；而占30%左右的相对平原地带，从远古时代就进行着有机腐殖质的积淀，随着人类的进化，又进行着有目标的劳动、偶然发现、发明创造等漫长活动，经久远年代的选种、优育、耕种等循环种植，让土壤更加肥沃，形成了"五谷"需求和人们需要的优质土壤。于是，在良田中播种的稻谷年年丰产，成为人们的主要食粮；在田坎与山地土块中耕种的多种旱栽作物，收割后成为人们多样性的加工食物，有多余的部分则喂养和肥壮牲畜，通过能量的转换又变为人们更高等级的营养物质，满足了人们的体能需求和多样性美味享受。重庆，就是在这种特有地理及气候条件下，人们智慧地利用条件，不断总结、发现规律和利用规律，推动了农业的长足发展，带来了集市兴盛、人文交流、行业诞生，以及社会的不断进步和城市形象的迅速形成。

　　在重庆的旱栽作物中，有一种作物对重庆的酒业发展作出了持久而非凡的贡献，这就是本土糯高粱。糯高粱在重庆的栽种虽然没有准确的历史时间记载，但从地域考古工作中搜集到的盛酒容器、粮食残渣表明重庆的蒸馏白酒生产已有千余年之久。重庆永川区史料记载有"高粱酿酒制作法"，阐述的内容实为固态发酵与固态蒸馏的高粱小曲酒，时间至今已达700多年，这就说明重庆地域种植高粱作物的时间应是更早。然而，高粱作为杂粮，用于食用，无论怎样加工其味道都不尽如人意，用于喂养牲畜，既长得慢又不促肥；但它的优点在于栽种所需土质要求不高，且生长周期短而收割快，是酿酒的好原料。酿酒能使其淀粉结构优势得到最好发挥，一是出酒率高，二是酿酒的酒体香气优雅、口味醇厚绵甜、协调爽口，其优美的滋味很早就给予了人们生活享受，这就是高粱演变之物的神奇魅力。

重庆糯高粱，其优异的糯性品质积淀，在于四季分明、雨量充沛、光温水同季、主体气候显著的气候环境；在于人们善于发现、善于培育、善于选优汰劣，不断将高粱的淀粉结构变得更为松软，糯性品质变得更为优良；还在于重庆人民既有勤劳朴实、兢兢业业的优良传统，又有不断追求丰富多彩的精神物质生活的强烈愿望。这就是劳动创造物质，物质的不断衍生又增进和丰富了人们的生活与精神需求。为了精神享乐更精彩，为了演变之物更优美，人们自然也就不断要求用于酿造的高粱品质更优异，重庆糯高粱的优良种子及糯性品质也就在不断栽种与收割、留种与选育的长久优选中，得到了持续提炼和长久保持。

糯高粱是重庆地域重要的经济作物，种植面积和规模宏大，遍布整个地域，这就为酿酒行业提供了充足的原料。糯高粱的季节性强，春季播种秋季收割，酿酒行业在秋季收割时立即展开收购工作，采取具有地下通风设施的粮仓或干燥的地面以围包方式加以存储，一般为季节性收购、储备，从而保证一年的酿酒使用。

重庆糯高粱，造就了重庆小曲白酒。拥有糯高粱是重庆人民的福分，其作为重要的经济作物，为人民创造了太多的经济价值，栽种者热情饱满，酿酒者热情更高。糯高粱，是造就重庆小曲白酒优美品质的必要条件，是小曲清香型白酒典型风格形成的物质基础，是赋予一方美酒香味物质的圣洁之物。重庆小曲白酒，优雅的香气和淳朴的滋味，让重庆人民感受着长久的甜美，对地域的历史发展进程有着奇异的推动作用，曾为封建王朝的崩溃欢呼，为击败侵略者的将士助威，为民族的安宁和谐出力，为新生事物的诞生庆贺，为恶战激流险滩的船夫助力，为工匠高超的技艺喝彩。长久以来，渝州大地但凡喜事必须有重庆小曲白酒的热情参与，这美酒成为当地人不可或缺的食品和精神物品。作为饮品，小曲白酒既是人们日常生活中常饮用的佳酿，又是厨师烹饪善用的最好调料，还是制作腌酿食品的杀菌、保鲜及调味剂；作为精神之物，小曲白酒的滋味给人们带来了欢乐与享受，日常饮用心情舒畅，愉快时饮用更感快乐，庆功时饮用振奋精神，劳累时饮用解除疲劳，困惑时饮用灵感涌现。由此，重庆小曲白酒进入了人们日常生活的方方面面，是推动社会不断进步的积极参与者，是民族文明文化构成的一部分。

新中国成立后，在计划经济时期，重庆小曲白酒（原四川小曲酒）为中国白酒的最大酒种，其生产工艺技术进步明显，从酿酒微生物的筛选、培养和扩大以及微生物培养的载体优选，到专业人才酿酒操作技能的培训、发酵容器的改造、蒸馏系统的改进等方面的工作努力，酿酒生产环境显著改观，呈现出规范性和科学性。其生产方式为"公私合营"组建国营酒厂进行生产，其生产规模庞大，在原四川省的重庆辖区各个县的各个区（镇级）都组建有国营酒厂，各酒厂均有数十个生产班组进行生产作业，各县均由主管部门统一指挥，有计划、有竞争地开展酿酒生产活动，其酿造生产的小曲白酒由县级以上酒类专卖局统筹调度。由此，在20世纪80年代以前的近30年时间里，小曲白酒源源不断地调往全国各大中城市及高寒地区用作计划供应，尤以当时的江津县和永川县的调配量最大，而剩余的少量才是本地的计划供应量。

随着改革开放发展战略的推行，市场经济的启动效力振奋着各行各业突飞猛进，市场活跃，市场需求日益增长，城市规模发展迅猛。针对重庆的特殊性，国家根据发展战略需要，于1983年将重庆确立为计划单列市，即为享有省级经济管理权限的省级市，原为四川省的江津、永川、大足、荣昌、璧山、铜梁、潼南、合川等原江津地区的"江八县"统归于重庆辖区。由于单列省级市辖区管理半径小，带来诸多方便，有利于城市及辖区经济协调发展。由此，原四川小曲白酒生产最具代表性的江津、永川等"江八县"列入重庆，也就自然成为小曲白酒生产的典型代表地，也造就了今天的重庆小曲白酒。

对白酒实行专税专管的历史由来已久，由于行政变迁及战乱等原因专税管辖也就时有变化。其实在历史中小曲白酒专税管辖权隶属变化就很频繁，还时有各地征收权为地方所有的阶段性现象，甚至在战乱时期酒税征收所得由个人占有的事件也常有发生。但从小曲白酒的主产区"江八县"的地理位置上看，归属重庆更有利于统管，又从重庆民众饮用小曲白酒的历史及其饮酒习俗的形成来看，使用"重庆小曲白酒"这一称谓也就非常自然了。

重庆小曲白酒，在计划单列市统管期间呈现出朝气蓬勃的发展景象。尤其是全国各地在市场经济运行步入甜蜜时期，市场十分活跃，供求矛盾突显，白酒需求量急增，从而促进了中国白酒史无前例的大生产运动。"不办好酒厂，当不好县长"的说法流行全国。各种香型白酒厂家及产量快速增长，重庆地域以小曲白酒为主流的生产规模也毫不例外地显著扩大，江津、永川两县还形成了龙头企业，数年间产销量及实现税金均成倍增长，江津和永川的高粱酒成为重庆小曲白酒的典型代表。

在1988年全国第五届国家名酒评比活动中，由于重庆小曲白酒还未确定香型，而评比规则是按白酒香型分类展开感官质量鉴评，对香型还不明确的参赛酒样，则向靠近香型的酒样归类，故将重庆小曲白酒编入大曲清香型白酒类进入感官质量鉴评。这对于重庆小曲白酒来说，确实是非常不公平的，因为其酒体形成机制及质量特征表现与此香型白酒并不相同。

1997年，重庆升级为第四个中央直辖市，这是国家发展战略的需要，也是重庆水、陆、空交通网络快速建设、电子工业初具规模、制造与技术创新及科研能力等自身能力显著提升的结果，也是打造中国西部特大城市带动区域经济快速发展的必要。由此，重庆行政辖区占地面积扩大至82402km^2，是原三个直辖市总面积的2.3倍，人口增至3002万。从此，重庆城市建设进入了快车道，城市规模迅速扩大，交通枢纽功能显著提升，城市金融、商贸、通讯、制造、科研、服务业等越来越兴盛繁荣。

重庆，虽有长久的城市积累和文化积淀，但因地理气候特征与人为因素综合而形成"山城"与"雾都"之称，还因遭受战火的灾难而深受重创，给文明之城涂上了一层阴影。而今，因为科学的规划、人民的勤劳智慧，创造出了绿色健康、和谐美丽的新重庆，展示出了国际化大都市的形象。

重庆直辖，不仅给城市发展及其功能配套建设提供了有利条件，给"重庆制造"涉及的诸多产业发展及其产品升级与技术创新等带来了良好机会，对重庆食品工业中的酒类行业发展也是千载难逢的良机，尤其是对重庆小曲白酒的产能扩大与生产技术的不断进步起到了强劲的推动作用。

重庆小曲白酒，传承久远而养就了当地的民族习俗，重庆人喜爱它的清雅香气与醇甜的口味，又总是因豪爽而喜好大口喝酒，多以粗碗盛装，大碗盛酒传递喝酒，或小碗盛酒每人一碗喝完又盛，常常是一饮而下，毫不客气，酒量大者可饮数碗。各家各户都有储酒习俗，家里所用的储酒容器通常是5~10kg容量的土陶酒罐，存放的酒饮用完毕就自带酒罐到厂家购买，后来在塑料制品生产与使用普遍后，就多以方便提携的塑料桶作为装酒的周转容器。由此，散装小曲白酒的交易及流通形式就成为了重庆地域的普遍习惯。20世纪90年代前，在重庆区域小曲白酒年产15万吨左右，其中60%~70%是以散装形式流通交易，剩余的才是以规范的瓶装产品进入市场。在这年产销量为6万吨左右的瓶装产品中，江津和永川高粱酒最能代表重庆小曲白酒的质量风格，对重庆小曲白酒的传承与发展起到了带动作用，尤以江津高粱白酒产销量最大、市场影响力最广、最具带动性。

1998年，在重庆市人民政府的倡议下，由重庆市商业委员会、重庆市食品工业协会和重庆市酒类管理协会等部门主持开展的"重庆名酒"质量评比活动中，江津区的"江津白酒"和永川区的"石松高粱酒"，以酒体品质、生产规模与现场设施布局环境、企业质量管理体系运行状态、年度累积地方经济贡献等综合优势，双双荣获首届"重庆名酒"称号。由此，重庆小曲白酒各生产企业更加注重生产技术进步，更加注重产品质量的稳定和提高，迅速将小曲白酒的生产规模及产能推向了新的高峰，产品市场分布更广，市场占有率更高，职工报酬增收显著，对地方财政贡献也更为可观。

步入21世纪，重庆小曲白酒产品及商品流通形式大为转变，以标签标识规范的瓶装产品投放市场为主，散装交易形式相应减小；既有小曲白酒龙头企业的产品市场稳定增长，又有很多小曲白酒新的品牌产品涌现市场；既有适合普通消费者的中低档产品，又有由特殊工艺生产及贮存的老熟年份酒调制而成的高端产品，更大限度地满足了市场的不同需求，更加体现出了重庆小曲白酒优美品质的认同度和价值所在。产品包装规格更为细分，从100mL/瓶到10L/桶容量装不等；同时，以小曲白酒为酒基，添加各种中药材及花果浸提物配制而成的多种露酒产品也在市场展露姿色，既满足了不同喜好的消费群体，又增加了商品的多样性，还显示出了重庆小曲白酒的市场地位。

重庆小曲白酒，糯高粱的演变之物，其原料本质原就优良，演变之物更优。糯高粱的品质积淀，源于青山，源于秀水，源于圣地，源于天公作美，更源于有心人的精心养育与持续扶正；糯高粱的品行温和，喜欢与微生物交朋友，也善变，顺从上天的旨意，固态可为液态，但更香、更甜、更净、更美。糯高粱，重庆大片热土长久地欢迎你，栽种者长久地喜爱你，饮酒者更是长久地惦念着你；你是一方美酒的源泉，你是旗帜树立的根基，重庆小曲白酒是你的杰作，也是与重庆人民太好的缘分。

重庆小曲白酒，物质构架特别，主体香气物质单纯，但更清雅、更芳香；呈味物质丰富而量比关系适宜，低调释放，但更淳朴、更甜净、更绵柔。重庆小曲白酒，香飘地域太久，却总是青春绽放，魅力横溢，并以持续的内涵积淀，以更为丰满而甜净的酒体，奉献出更为素雅、更为自然的甜美。

重庆小曲白酒，清香幽雅，醇和绵柔，回甜、协调，余味爽净，小曲清香型白酒风格典型，个性独特。

重庆小曲白酒，提供了数个世纪的酿造工匠就业机会，培育了无数匠技大师，技艺传承久远，不断追逐进步，财富创造与无私奉献依旧。

重庆小曲白酒，甜醉了一方民族，养就了一方民俗；滋味丰富优美，而又简单纯朴，让人陶醉，让人轻松，让人远离复杂与困惑而常乐无穷。

第二章

重庆小曲白酒的历史沿革

　　重庆小曲白酒在重庆单列市以前统称"川法小曲白酒"，以江津、永川两地酿造为主，江津高粱白酒、永川高粱酒最为著名。江津酿酒历史悠久，盛产高粱白酒，享有"酒乡"之称。早在宋代，江津就有了酿酒业的雏形，历经发展，到清代末年，江津成为四川著名产酒县，《蜀海丛谈》一书中记述道："全省酒税收入，以江津、泸州、什邡、绵竹等地产酒之区，收数为最旺"。江津名列第一，可见酿酒业之兴盛。

　　当时，白沙烧酒最为著名。白沙地处长江上游，交通航运发达，自古为商贾云集之地。在白沙境内有一鹅公山，山上泉水四季不断，形成一条小溪流经白沙镇西与长江交汇，该小溪名为驴溪河，溪水清澈见底，富含多种微量元素，以此水酿出的白酒味甘美浓烈，以高粱酿造的干酒，味甘而美，旧有"江津豆腐油溪粑，要吃烧酒中白沙"的民谚流传，《清代四川史》赞誉白沙烧酒"以质量好而颇有名"。清代光绪年间，白沙烧酒生产已经有了相当规模，酿酒作坊多建于驴溪河畔，相接形成约里许的糟坊街。由于当时白沙地处水运交通要道，远近闻名的水码头，来往客商聚集，热闹非凡，由于白酒最为出名，因此，酒馆遍及大街小巷，酒的知名度越来越高。白酒由水路交通往外销售，上至赤水、贵州，下至汉口、上海，遍及全国很多地方，还有白沙烧酒用船运过汉口时酒味特别香醇的传说。由于该酒的酒度高，可用火点燃烧干不留多少水分，所以人们叫它干酒，白沙干酒由此而名声远扬。1906年（清光绪三十二年），白沙干酒年产量达七八千缸，每缸重20～25kg。1915年（民国四年），白沙酿酒达到极盛，全镇有酿酒糟坊230多家，年产酒500kg以上。1934年（民国二十三年），白沙镇发生火灾，糟坊街被焚为灰烬，白沙烧酒工艺逐渐传到江津城乡各地。因此，形成了重庆小曲白酒（原四川小曲酒）主产区在江津和永川，江津产区在白沙镇的产业格局。

　　1951年，国家实行酒类专卖，江津创办了首家国营酒厂，酿酒业逐步成为地方工业的重要支柱，酿酒工艺得到了进一步提高。随着酿酒科技的进步，白酒生产得到了较快发展，酒种不断增加，酒类行业各酒种按用曲的形状分类，重庆小曲白酒由于所用的曲药形状很小（被称为小曲），故称为"小曲白酒"，也是全国产量最大的一个酒种，是国民不可缺少的主要酒类产品。江津白酒按国家计划分配，用桶装调往全国很多省市和地区，供应给市民以及矿山、井下、高寒地区的作业人员饮用。后来，为了方便运输，江津白酒开始瓶装销往全国各地。1963年江津白酒列入四川省名酒，荣昌县安富烧酒房高粱白酒获四川省优质酒称号；1984年永川县酒厂石松高粱酒获商业部优质酒优质产品称号；1988年江津几江高粱白酒、永川石松高粱酒均荣获商业部优质奖称号；1998年江津几江高粱白酒、永川石松高粱酒同获重庆市名酒称号。

1980年，财经出版社出版的《中国酒》一书列出专条介绍小曲酒："无色、清香、醇和、回甜，具有四川地方小曲酒的特殊风味"；商务印书馆出版的《中国土特产辞典》经过精选，将其列入中国97种名优白酒之中。江津白酒在发展历史中，演绎成为瑰丽的文化现象。清代著名诗人赵熙在《白沙》诗中吟唱道，"十里烟笼五百家，远方人艳酒堆花，略阳路远茅台俭，酒国春城让白沙。"白屋诗人吴芳吉在《几水歌》描绘了酒乡风情画："几水真真好，津城处处垆。江团清玉盏，竹笋少娘厨。酒贱无须知价饮，街平不必倩人扶。猜拳故意输，爱客谁能如？"

改革开放后，全国白酒生产蓬勃发展，1988年，四川省小曲白酒年产量达到34万吨，成为地方财政的经济支柱。其中，永川地区（江八县）小曲白酒产销量达到15万吨，成为四川省最大的小曲白酒生产基地。1993年，江津白酒与六朵金花并列为四川省七大名酒之一。

重庆直辖以后，永川地区按地域行政规划划归重庆，小曲白酒就成了重庆市独特的一个酒种，是全国最大的小曲白酒生产基地，成为小曲固态法白酒的香型代表，重庆小曲白酒由此名扬全国。

第三章

重庆小曲白酒的传统生产方式

新中国成立前，小曲白酒的生产均属家庭小作坊，生产工艺较传统。

蒸粮工序采用"打回堂"的办法补充水分，即"旱回操作法"。在蒸粮操作时，将浸泡好的高粱捞粮入甑，初蒸40min以上的时间后，向甑内泼洒一定量的水，这称为"泼烟水"，再用木锨翻糙粮食，翻糙时要快速、有序地进行，使粮食均匀吸收水分，这称为"打糙"。这样反复进行四次泼水、六次翻糙，才能吸收足够的水分。这一过程称为"打回堂"。再进行复蒸使粮食糊化。这一方法一直沿用到20世纪50年代初才逐一改进。

蒸馏取酒采用"天锅"冷却法，方法是：在蒸酒的甑上安放一口专制的锡锅，锅里盛满水，甑内的蒸汽在遇冷的情况下变成液体顺锅底引流出来即为白酒。锅内的水用人工搅拌降低温度，随着蒸馏时间延长，锅内的水温升高到一定程度后就不能起到冷却的作用，必须再换上冷水，蒸馏一甑酒需要换上三次冷水。

烤酒的冷凝器后来经过三次改进。第一次改进是由天锅改为盘管，即用一根很长的管子盘成很多圈，放在冰缸的水里，蒸汽从盘管中通过，通过的时间越长冷却效果越好。由于盘管像肠子一样，工人们称它"盘肠管"冷凝器。第二次改进是将很多根管子竖起来，做成一个圆柱体，蒸汽从很多根管子中通过，扩大了冷却面积，提高了冷却效果。第三次改进是取消了管子，做成夹层，即现在的冷凝器。做冷凝器的材料最初是用纯锡，有专做冷凝器的锡匠，将废旧的锡或锡锭熔化后制成锡板才能加工焊接，后来改用铝材。由于锡、铝材料不是很纯，含有少量重金属，影响质量，在20世纪70年代初逐步改用不锈钢制作。

当时没有自来水，工人要用水桶到很远的地方挑水。没有锅炉供汽，采用土灶烧煤的办法提供热能。土灶的结构是：在地平以下挖一个大约3m深的坑，用石头做一个"八"字形的风槽，风槽上面安装用钢条做成的用来燃烧煤炭且又通风的炉桥，然后用耐火材料做成一个直径1.6m左右的圆形灶堂，上面安一口铁锅，锅的外沿用石头做一个20cm高、10cm宽的圆圈称为马蹄，在马蹄的外沿安装上直径1.8m的甑子，在风槽的方向离甑子30cm左右用砖做成一根烟囱通往房顶外，形成与灶膛、火口、火堂坑连通的烟道，煤炭送入灶膛内，关上火门密闭后，利用地下的风槽与房顶上的烟囱形成的风道通风，使煤在灶膛里充分燃烧产生热能。土灶烤酒的方法一直沿用至20世纪90年代初才逐步改用蒸汽锅炉。

　　进入20世纪50年代，国家实行公私合营，对酒厂进行统一管理，生产条件有所改善，规模有所扩大，通过广大工人的努力，生产工艺逐步改进，工人的劳动强度有所减轻。但国家尚不富有，科技落后，重庆小曲白酒仍然是一个非常落后的行业，厂房陈旧，车间均是土木结构的扇架房子，凉堂全是泥地或三合土，一个甑子为一排桶，一排桶两个地箱，地箱由四块木板圈成四方形，这四块木板称为箱板，地箱的地面是泥土，上面垫一层稻壳，再铺上篾块编制的底席，凉堂的地面铺上一张很大的竹篾编制的摊席，粮食蒸好后均匀地铺撒在摊席上，使其冷却。在摊席正中央的上方，用两根绳子将一块长方形的篾席悬挂起来，在篾席下方系两根绳索，两人来回扯动扇风，使其快速冷却，工人们称这种风扇为"扯扯扇"。粮食冷却进箱后再将摊席收起，在地面摆上装母糟的篾制摄箕（俗称囤摄）。发酵桶是木制的，当时一排桶有五个，由于是五天发酵，每天要将桶内发酵糟起完后才能放箱装桶。因此，那时的培菌箱称为糖化箱，一般要培养24h以上，培菌箱周围要流出很多糖水，工人们还可以用其来加工成固体的糖块。甑子和云盘也是木制的，连翻糙粮食和酒糟用的工具都是用黄桷树做成的木锨，相当于现在的铁铲。贮水缸很大，用石头做成的四方形，大约要装3t水，云盘是特殊的木材制成的，有200多斤重。制作一个木架将云盘安装在水缸上面，烤酒后云盘又回放到木架上。由于缸内的水常年都不用完，所以称为万年缸。在万年缸长方形的另一端，大约2m多高处用木头做一个架，架上安一个盆，称为天盆，天盆的底部用一根空心楠竹连接到冷凝器，用人工将水一桶一桶地从万年缸内提灌到天盆，烤酒时将水自流到冰缸做冷却用水，以人工制作的开关控制水流的大小。在冰缸的上端又有一根楠竹连接至一个木制大桶，将冷却水流入桶内，第二天蒸粮时做闷粮水，这个桶称为闷水桶。地甑的边上安装有一根汽筒，通往底锅，闷粮时，在这根汽筒上安一个漏斗，用人工将闷粮水一桶一桶地灌入甑内闷粮。还有一个设备称为虾耙，是捞粮入甑时专用的工具，制作复杂，很多篾匠都不能制作，要能制作虾耙才能算是酒厂的全能篾匠。烤酒工人自己唯一拥有产权的设备就是"亮油壶"，即用来照明的煤油灯，由于没有电，每个烤酒工人都必须自备一个"亮油壶"，工作到哪里就带到哪里。亮油壶是用陶瓷烧制的，可装煤油半斤，形状好似茶壶少个把，用铁料专制的手柄系在壶口上，前后活动自如，手柄上做有螺纹状的花纹，拿在手里不滑落，上端还有一个挂钩，车间的四周墙上、烟囱、火堂坑等处都有挂"亮油壶"的设施，就连车间的中央都从屋顶上吊下一根绳索之类的东西悬挂"亮油壶"。烤酒师们操作时没有什么检测仪器，连温度计都没有，全凭"脚踢手摸"掌握温度，烤酒师的身体敏感部位就是温度检测仪，如用脸部去测试收箱时的温度。一排桶每天投料为250～300kg，一排桶三个工人操作，还配上一个专职篾匠跟踪服务，好比现在的机修。没有自来水，都是人工挑，水桶的直径有一尺五寸（称为围半桶），一挑桶装水约75kg重，每天水用量近40挑。

当时对微生物没有什么认识，用的糖化发酵剂称为"官药"，就是传说的108种中草药加米糠或大米制成的曲药。用量很大，一天要用十多斤。

烤出来的酒是直接从冷凝器流入一个陶瓷酒缸，生产工人负责每天将酒运入酒库。

工人劳动强度大，有人计算一个烤酒工人一天要行走十多公里，搬运一万多斤，很辛苦，都是晚上工作，白天睡觉，条件很差，车间基本都是木楼，楼上住人，楼下烤酒，有的在车间的一角用木板搭成一个小楼，称为"吊脚楼"。当时烤酒工人有一句歌谣，那就是："前世不孝爹娘，这世才进糟房""有儿不要进糟房，人家搂着老婆睡觉你还在打回堂"。

这就是从前落后的小曲白酒厂。

第四章

重庆小曲白酒的发展与技术创新

新中国成立后，在中国共产党的领导下，1956年，国家实行公私合营，酒厂成为国营企业，四川省的酒厂绝大多数均属商管酒厂，划归各地糖酒公司管理。永川地区糖酒公司负责管理全地区八个县（以下简称江八县）的酒厂，专门设立了生产技术科，负责酒厂生产技术，带领酒厂开展了一系列的科学实验和技术创新活动，使永川地区白酒厂得到了较大的发展，产量、出酒率、产品质量和技术进步都名列全省第一。

经过几代人的艰苦努力，重庆小曲白酒发生了翻天覆地的变化，成为全国酒类行业的一大特色。工艺现代化，产品多样化，深受广大消费者的喜爱。

一、四川省小曲白酒操作工艺试点总结

1953年，四川泸州的李友澄小组通过技术革新，将"旱回"操作的"四水六糟"，改为"水回"操作法。即：在蒸粮工序的初蒸后，将粮食转入盛有水的泡粮桶中浸泡数分钟后，再转入甑内复蒸。减少了打糟这一程序，减轻了工人的劳动强度，并总结出"匀、透、适"的操作要诀，提高了产品质量和出酒率。四川省酒管局将"匀、透、适"高产经验《李友澄小组操作法》在四川、西南及中南地区推广。1954年国家酒类专卖局批准在全国推广，从而形成了较为系统的"四川省小曲白酒操作工艺"。

随后，万县地区的冉启才小组在"水回"操作法的基础上进行总结，改进为"闷水"操作法。即：在蒸粮工序初蒸后，直接放水到底锅内使粮食浸泡在水中。这是小曲白酒生产工艺的一大进步，使"四川小曲白酒操作工艺"日臻完善。

1957年，国家食品部和酒类专卖局组织了全国14个省158名技术人员在永川酒厂进行了全国小曲白酒生产试点，在总结完善"闷水蒸粮工序"和"匀、透、适高产操作经验"基础上编制了《四川糯高粱小曲酒操作法》，

在我国酒类发展史上写下了浓墨重彩的一笔。

1964年，全国唐山酿酒会议上，按照毛泽东同志"一切来源于实际"的精神，决定由四川省对小曲白酒作一次系统的总结和修订；随即四川省糖酒公司就到江津、永川等多家重点酒厂进行了调研，并组织部分酒界的专家和工程技术人员，从6月4日起，先后在绵竹酒厂、永川柏林酒厂进行了历时一年半的试点，1965年年底邀请云南、贵州、湖北等全国主要产区的白酒专家和酒厂的工程技术人员代表到永川柏林酒厂参加鉴定会，修订形成了完整的《四川省小曲白酒操作工艺及检验方法》，该方法成为全国小曲白酒生产行业的操作指南。

二、制定生产班组工作流程

20世纪70年代初，各地生产班组工作分工不统一，有些地方存在不合理的情况，为了加强全地区生产班组人员的责任心，明确职责任务，使劳动力分工合理安排，改进和推广了科学的班组工作制度。即：一个班组（一排桶）三人，设组长一人，组员二人。三人共同完成一天的工作任务。具体分工是：

组员A：从头天的泡粮开始接班，第二天主要负责蒸粮工作，配合组长完成收箱、放箱装桶、出甑。尽量帮助组员B做一些力所能及的事情，如发酵糟出桶下半桶的协助。

组员B：粮食出完后就接烤酒工作，直至全天工作完成，一直负责至第二天蒸粮结束。

两个组员的工作每天轮换。这样，两个组员各自蒸煮的粮食和烤的酒一直都固定在三个发酵桶，即自己蒸粮、收箱、发酵到期后也是自己烤酒，以便查找原因和查找工作中的不足。

组长：不负责蒸粮和烤酒，只掌握技术和监督组员的工作。闷水时掌握闷水时间，收箱时掌握收箱温度，放箱时决定箱的老嫩，掌握入窖温度和一切技术管理工作，力所能及地帮助组员做一些辅助工作。组长的待遇确定比组员要高。这一流程在全地区统一。后来，随着工作条件的改善，投料量的增多，都一直沿用至今。酿酒工序设置及分工见图1-4-1。

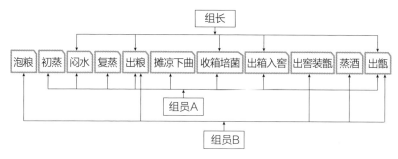

图1-4-1　酿酒工序设置及分工图

三、推广代用品原料小曲白酒生产

20世纪70年代初，国家实行计划经济，酿酒用粮统一计划调拨，当时我国尚处于经济困难时期，粮食紧缺，用粮计划不能满足酿酒需要，酒又是人们生活消费不可缺少的商品，因此，政府要求各酒类生产企业想办法，采用代用品原料代替高粱酿酒，供应给人们饮用。凡含糖含淀粉的原料都要用作酿酒原料，摆在技术人员面前的问题是怎么用这些原料来生产小曲白酒。在加强理论研究的情况下，也学习外地经验，采用糖化酶和酵母作糖化发酵剂，根据各种原料不同的特性，采取不同的方法进行蒸煮，先试点后推广。同时对制曲和酿酒生产进行培训，各地大量收购代用品原料，如木薯、鲜红薯、薯干、芭蕉芋、青杠籽、蔗渣等很多种类。各酒厂都搞起了代用品原料酿酒，有些原料生产的酒口感质量很差，苦涩味重不能入口，后来通过浸泡等很多特殊工艺处理，酒的质量越来越好，并总结出了很多经验，相互在各地推广。各县酒厂都办起了代用品原料酿酒的黑曲酶生产车间，为本县提供代用品原料酿酒的曲药。这一工作在永川地区一共持续了两年，维持了酒厂的正常生产，度过了国家的粮食困难时期。

四、纯种根霉曲生产的发展与技术提高

重庆小曲白酒生产最初多是采用米曲为糖化发酵剂，是用大米碾碎后加中草药，在室内控制温度培养而成的。曲药里面有108种中药材，后来减少到80多种，最后保留了在制曲和酿酒过程中能够起主要作用的40多种，由于

曲药的个头小，称为小曲。1959年四川省糖酒贸易局在永川进行制曲不用中药的试点，并编写了《无药糠曲制造》，总结出"两准、一匀、三不可"的无药糠曲操作法，打破了用大米加中草药制曲的传统方法。随着微生物技术的发展，20世纪60年代开始利用纯种根霉菌制曲。纯种根霉曲的使用，大大降低了制曲生产成本，减少了用曲量，还能提高出酒率。根霉曲的出现，对小曲白酒生产行业来说是一次较大的技术进步，70年代初开始在小曲白酒生产行业全面推广使用。

1974年，永川地区糖酒公司在璧山县举办了一期大规模的根霉曲生产培训班。当时由于酿酒生产量大，每个县都有自己的曲药厂或制曲车间，各个县制曲车间都要负责从一级菌种到大批曲药生产。为了提高全地区的出酒率，组织技术力量重点抓好曲药质量，举办了一期制曲生产技术培训班。培训时将制曲生产和酿酒生产相结合，每个县的制曲车间参培人员都要实际操作，按照培训的要求生产一批曲药。生产的曲药都要用于酿酒生产中去检验使用效果，而酿酒生产班组都是由固定的技术老师操作进行对比试验。通过这次培训，全地区的制曲生产技术都提高到了一个新的水平。

为了稳定曲药质量，还制定了定期和不定期地进行质量评比的制度，各县互相加强学习交流。为了稳定制曲职工队伍，还规定了制曲车间制曲人员除特殊情况外不得随意调动岗位。1976年，永川地区设立了酒类科研所，主要目的之一是研究根霉菌种的保藏和提高曲药质量，保证全地区曲药质量和生产技术长期处于国内领先水平。1980年科研所通过诱变、分离培育出了一株新的根霉菌种，命名为"YG5-5"。该菌种很快在全国推广，广泛用于生产后，产品质量和出酒率都得到了大幅度的提高。目前该菌种仍然是用于小曲白酒生产最佳的菌种之一。

五、成立推优小组，培训化验人员，指导全地区酿酒生产技术

1975年，全国掀起了学习推广华罗庚优选法的活动，永川地区酿酒行业也轰轰烈烈地开展起来。首先，在各酒厂中优选了几名经验丰富的老技师，担任生产技术指导，在四川省永川柏林酒精厂借调一名化验员，担任生产过程中的半成品检验和培训后备化验员的工作，再从各县酒厂中选派两名有一

定文化知识，又熟悉酿酒生产的年轻人强化培训检验技术，配备一套生产过程中所需的检测设备，装备成移动化验室，组成推优小组，实为生产技术指导小组。推优组将检测设备装成两个大木箱，他们用肩挑搬运着两个大木箱，乘坐公共汽车、火车、轮船，常年巡回在各地酒厂、生产车间开展技术指导工作。由于酿酒生产的特殊性，投料到出酒需要一个发酵周期，要看到推优组做出的成果，需要有一个较长的时间。所以推优组每到一个地方都需要住上很长的时间。

推优组的工作方法是：每到一个酒厂，首先到车间全面了解各生产班组的具体情况，查找存在的问题，制定出解决方案，然后选定一个生产小组进行试点，制定出提高出酒率的措施，严格按照"四川小曲白酒生产操作法"的要求进行操作，优选出各个生产环节中的最佳数据和配方。推优组的技师和化验员们与生产班组的工人共同上下班，并亲手做出示范。化验员把移动化验设备搬到车间，对生产过程中的每个环节都进行检测，当时能检测的项目有：熟粮水分含量、淀粉碎裂率、出箱原糖含量、培菌糟酵母数量、配糟酸度、残余淀粉、发酵糟酒精含量等。生产班组在每天下班后都要抽时间讨论，总结当天的工作，回顾当天产酒的窖池在配方上或工作中存在的问题。一段时间后，该车间的生产工人都能大体掌握每个生产环节应该达到的标准。生产工人有史以来首次改变了用脚踢、手摸、凭感觉的原始方法来掌握关键技术，开始以科学为依据，用数据、用标准来指导生产。揭开了有史以来，烤酒师在传授关键技术方面只能意会不可言传的神秘面纱。

推优组每到一个地方，都能取得很好的效果，出酒率大幅度提高，深受各地酒厂和酿酒工人的欢迎。他们在操作过程中要做出详细的生产记录，在工作结束时要进行认真的总结，召开现场会，组织全县的酒厂技术人员、职工代表参观学习，提高本县的酿酒生产技术水平。推优组一般情况下在一个地方都要工作上一个月以上的时间。他们走遍了全地区八个县酒厂的大部分车间，言传身教，为重庆小曲白酒的发展做出了很大的贡献。

1976年，在永川柏林酒厂举办了首批小曲白酒生产半成品化验员培训班，主要学习实际操作，为各县酒厂培养了一批生产检验人员。后来又在永川地区酒研所先后进行了几次培训，并邀请了原四川省的有关检验专家传授理论知识。当时由于资金困难，就连购置一套移动检测设备都非常不容易，有一位分管酒的上级领导在培训会上讲话，该领导属于南下干部，养成了艰苦创业的优良作风。他说"再困难，都要把检验工作搞起来，没有设备，因陋就简，大家想办法，可以找其他东西代替。总之，有条件要上，没有条件创造条件也要上"。通过人员培训，各酒厂也效仿地区公司的做法成立了推优小组，添置了简单的移动检测设备。为了节约开支，有些设备自己制作，如检测淀粉没有回流装置，就用橡胶塞打孔，装上一根1m多长的玻璃管，塞在三角瓶上，用直接加热的办法进行酸水解；检测水分没有干燥箱，就用保温瓶上的铝盖，再用一小块铝皮打一些小孔盖在铝盖上就成了一个煎锅，样品放在煎锅内，直接加热至200℃，使水分挥发，求得水分含量；因没有设备检测支链和直链淀粉，就以刀片解剖高粱颗粒，感官检验糯高粱和粳高粱的淀粉结构来进行判定。就这样，各酒厂的检验工作就在因陋就简的情况下开展起来了，推优组得以正常运行，全地区的酿酒技术水平得到了全面提高，这是重庆地区传授酿酒技术的一大特色。

六、传统小曲酒提高出酒率的研究

1977年永川地区酒研所承担"提高小曲酒出酒率的研究"课题，主要研究：一是提高根霉曲质量；二是推广七皮叶矮糯高粱（松溉黑壳糯高粱）种植；三是强化生产检验，把检验工作做到生产第一线，科学指导生产；四是做好防暑降温、防寒保温工作，力争全年稳产、高产。经过近两年的科研实践，成功解决了小曲酒生产中长期存在的一些技术难题。该项目成果在全区推广使用后，使永川地区小曲酒原料出酒率居全省第一。该成果于1979年被四川省革命委员会授予科学技术四等奖。

七、举办酿酒技术培训班，全面提高酿酒工人理论技术水平

20世纪70年代，酿酒系统生产工人文化水平相当低，很大部分都是文盲，虽然通过技艺的推广传授，操作经验有了很大的提高，但是，绝大多数工人只知其然，不知其所以然。要全面提高酿酒技术水平，还需要进行理论知识的培训。1977年，永川地区糖酒公司在永川县的来苏酒厂进行了一次大规模的酿酒生产技术培训班，主要是用理论结合实际的方法进行培训，以达

到全面提高技术水平的目的。方法是：由地区公司组织技术队伍和检验人员，在来苏酒厂选定一个生产班组，按工艺要求做出榜样，然后召集各县酒厂分管技术的领导和技术人员参加培训。以县为单位组成一个三人生产小组，每个生产小组按榜样组的要求进行操作，每个生产小组每天都由化验队伍提供半成品检验。就连泡粮桶内粮食通过浸泡后，上层、下层、桶边和桶心的含水量以及发酵桶内桶边、桶心、发酵糟含酒量都要分别检测出来，就是为了说明保温条件的好坏对粮食吸收水分的差距和对发酵的影响。培训班每天上午按规定的上班时间进行生产操作，下午听专家讲课，讲课的内容就是上午要求的每项操作，为什么要这样做，讲一些微生物知识和酿酒方面的基础理论。还组织了一次到其他地区去参观学习。培训时间长达四十几天，经详细的生产记录进行总结，培训班的每个生产小组都能达到理想的出酒率。后来各县都效仿这样的方法进行职工的理论知识培训。通过这样的活动，使全系统职工的理论和实际操作水平都得到了逐步提高。江津糖酒公司在培训时还总结出了"严""勤""细""准""适""匀""洁""定""真""钻"十个字来严格要求自己，提高业务技能。地市合后重庆市糖酒公司会同原市二商局和重庆市劳动局于1978年在江津德感镇，对全市白酒行业技术工，进行技术等级评定的理论和实作考试，共评定出技师、高级技工共67人，对白酒行业技术水平的提高起到了极大的推动作用。

八、增产节约，举办节能降耗和大底糟生产技术培训

20世纪70年代初，国家物资较为匮乏，节约一粒粮、节约一斤煤，都是为社会主义建设作贡献。酿酒行业大搞增产节约，以提高出酒率和节约用煤为核心，分别举办节煤和大底糟生产技术培训班。

（一）节煤技术培训

为降低煤耗，永川地区糖酒公司在原江津朱沱酒厂开展了一次别开生面的节煤技术竞赛。以各县酒厂为单位，选派技术能手组成参赛队伍，在同等条件下进行酿酒班组的全过程操作，根据煤耗的多少评出名次，并认真总结经验，号召全系统酿酒职工要用"比""学""赶""帮""超"的精神开展节煤活动。后来，各地将节煤活动提上了议事日程，并把节煤的成绩作为奖励、晋级的条件。经统计，如果哪个地方煤耗最少，有好的经验，就及时与

他们交流学习，最终取得了很多成功的先进经验，有的地方推优小组还配上了节煤高手，指导节煤技术，总结出了"勤添薄上""高扎火口""钩黑不钩红""三筛两选""二炭回炉"的经典操作法。节煤达到高潮时期，为了快速将煤炭撒入灶内，避免频繁翻糙灶内燃烧结饼的煤炭，就连开关火门的时间都要严格控制，不让余热损失，推出了用竹子编制的篾铲代替火铲（铁铲）上煤，不可想象的是，该竹编设备在工人们手里用十多天或一个月都不会损坏。通过不断的探索，总结交流，节煤技术提高到了很高的水平，最先进的煤耗指标达到投料350kg高粱、产酒200kg以上、煤炭用量只有180kg。后来，全系统酿酒煤耗计划指标要求都必须达到斤酒斤煤以内。

（二）"大底糟"生产技术培训

"大底糟"是指每天烤酒后的丢糟的再利用。为了物尽其用，将丢糟里的残余淀粉再放入发酵桶底部发酵一个周期，达到提高出酒率的目的。这一方法是在临近的泸州地区先开展起来的，他们有很好的经验，于是，永川地区就组织人员到泸州取经学习，将经验带回来后组织试点，很快就在本地区推开，出酒率一跃比原来上升3%。永川县的有些酒厂出酒率达到了64%，少数班组达到65%。"大底糟"生产方法的推广，由于每天都要增加350kg酒糟发酵，发酵桶底要加深，给工人增加了很多劳动量，又没有报酬，但是工人们没有任何怨言，这一方法成为提高出酒率的重要措施。

九、总结出了行之有效的"嫩箱""低温""紧桶""快装"八字操作经验

为贯彻实施"四川省小曲酒操作法"的"三减一嫩四配合"的操作经验，1976年，在璧山、江津两地进行了一次系统的试点和研究。通过试点来验证"减"可以减到什么程度，"嫩"又可以嫩到什么程度，怎样的配合才能达到高产的目的。通过几十天的试点，300kg投料，用曲量最少可减至0.25kg；初蒸时间可减至15min；熟粮水分可低至58%～60%。连续一个多月，以57°（体积分数）酒计算，原料出酒率可达到60%以上。

经两地试点总结出："嫩箱""低温""紧桶""快装"的八字操作经验，出酒率在原来的基础上提高1%～2%。

嫩箱：出箱原糖要求夏季2%左右、一般季节3%左右、冬季4%左右。

低温：出箱温度不超过32℃，入窖团烧温度23～25℃，室温超过25℃时团烧温度不高于室温。

紧桶：尽量踩紧桶，使混合糟入窖后减少酵母的繁殖。

快装：放箱后尽量减少摊晾时间，减少酵母的繁殖和减少杂菌的感染。这就要求出箱温度一定要控制好，配糟温度的控制特别重要，在放箱时，配糟温度刚好合适，夏天气温高时还不能提前平室温，做到这些后才能达到快装的目的。

通过长时间的实验，这一方法还能做到夏季不短产，彻底改变了民间传说的酿酒行业"热不烤酒，冷不打油"的传统概念，后来八字操作经验成为酿酒工人的顺口溜，至今沿用。

十、发展酿酒原料，推广种植优质糯高粱

20世纪70年代，由于地方工业较少，酿酒业是财政收入的主要来源之一，有的县酿酒生产要占当地财政收入的1/4，各地政府非常重视酿酒业的发展。到80年代，随着乡镇企业的崛起，小曲白酒厂如雨后春笋般地发展起来。重庆的地理环境和气候的特点，最适宜酿酒原料"糯高粱"的种植，永川八县更有得天独厚的条件。永川地区农业科学研究所研究培育出一个优质糯高粱品种"松溉黑壳"，泸州水稻高粱研究所培育出一个"泸糯八号"，这两个高粱品种产量高、品质好、支链淀粉含量多，是小曲白酒生产的最佳原料品种，在永川地区八县大量推广种植，各县酒厂都能得到当地政府的大力支持，协同相关部门共同组织力量发展种植"糯高粱"，每年酒厂还要进行种子的培育，划出单独的田块种植，出高价收购，到播种时将种子免费发放给农民，使其淘汰常规品种，提纯优良品种。当时，永川地区"糯高粱"产量达到了20多万吨。

十一、杂交饭（粳）高粱酿酒攻关试验及省外饭高粱小曲白酒生产推广

"饭（粳）高粱"，大量产于我国的北方地区，直链淀粉含量高，不易蒸煮糊化，不适宜用于川法小曲白酒生产。1975年秋，上级决定，将重庆地区产的糯高粱调去茅台酒厂、泸州老窖酒厂，酿国家名酒，而从山西调杂交

饭高粱给我们酿小曲酒。由于对杂交饭高粱的性能不甚了解，导致出酒率普遍不到50%。1976年4月，永川地区糖酒公司组织强大的酿酒技术力量，在璧山县酒厂来凤分厂，对杂交饭高粱酿酒进行了近两个月的攻关试验，平均出酒率达到55.94%，并成功总结出杂交饭高粱酿酒提高出酒率的经验。后经合川、江津、永川、荣昌等大面积推广后，平均出酒率均在55%以上，并逐渐完善了操作工艺规程。此研究为后来的"饭高粱"酿酒推广奠定了技术基础。

1978年年底，党的十一届三中全会作出了实行改革开放的重大决策，国家从计划经济逐步走向市场经济，农民种植粮食的品种也不受计划经济的限制，由于高粱的产量不如玉米高，农民不愿种高粱，改种玉米，高粱的种植面积大幅度减少，到1984年，高粱的产量远不能满足酿酒原料的需要，大量从省外东北等地购进"饭高粱"投入酿酒生产。由于饭高粱淀粉结构不同，蒸煮糊化困难，出酒率低，产品质量差，成为小曲白酒生产行业的一大技术难题。

从20世纪80年代初开始，国家特别重视对酒类行业的管理，开始对产品进行理化卫生指标的检测，要求严格按照产品质量标准生产。结果，这种"饭高粱"生产的小曲白酒，大多数产品都不符合国家卫生指标的要求，杂醇油含量超标（当时国家卫生指标规定100mL酒中杂醇油含量不得超过0.15g），经国家组织职能部门抽检，西南地区小曲白酒生产行业多数产品不合格，一度造成大面积停产。

永川地区小曲白酒主要存在三个方面的问题：一是杂醇油超标，二是口感质量差，三是出酒率低。针对这一问题，地区公司及时召开大小会议，各厂必须严格执行国家卫生标准和行业技术标准，针对存在的问题认真进行研究，组织力量技术攻关，在较短的时间内，率先解决了这一技术难题。

（一）培训成品酒化验员

连续举办化验人员培训班，要求各地酒厂都要建立化验室，对生产的产品进行跟踪检测，不符合产品质量的不准出厂，严把产品质量关。

（二）组织生产技术试点，进行技术攻关

江津酒厂采用"添加糖化酶发酵"和"双水泡粮"等措施，将杂醇油含量控制在标准以内，在同等情况下，还提高出酒率1个百分点。

以前，在粮食的蒸煮过程中，误认为饭高粱坚硬，不易蒸煮，在蒸煮过程中，大幅度延长初蒸时间、延长闷水时间等，反而造成淀粉流失，淀粉碎裂率低，粮粒破口大，翻花多，水分过重，造成酵母生长多，发酵过快，发酵糟不疏松，造成发酵困难，严重影响出酒率和产品质量。后来，改变蒸粮方式，在糯高粱操作的基础上，适当延长复蒸时间，在"四配合"上适当加以调整，再配合糖化酶的使用，成功解决了出酒率低的难题。

经多种方法对原料进行分析，找到了产品口感质量差的原因。一是粮食的购进运输路线较长，容易由于雨湿等原因而变质；二是产粮地区在晾晒过程和运输过程中造成一些污染；三是粮食的包装物在制造过程和贮存过程中污染一些异味。采用"双水泡粮"等措施，粮食经过浸泡，使粮食表皮的污染物溶解在水中，经多次浸泡，洗去粮食表皮的污染物，使酒的口感质量得到提高。这一方法成为小曲白酒生产行业必要的一道工序。

十二、改进小曲白酒工艺设备

20世纪70年代初，制造酿酒设备的木材越来越少，地区糖酒公司的胡长荣技师和江津糖酒公司的钟胜林老师，共同在江津的龙门酒厂生产试点时，地甑坏了，四周漏水，维修十分麻烦，就提出试用其他材料代替木材制作地甑。在当地，石材特别丰富，工匠手艺精巧，先是用石材做成了地甑，因石材传热快，操作时怕灼伤工人的皮肤，还有意在甑子的外沿包裹一层木板起到隔热的作用，操作起来很方便，很久都不用维修。因此，就逐步将发酵桶、泡桶、冰缸等全部改为石头材料。将摊粮的地面直接改为三合土凉堂，木锹改为铁铲，大大方便了工人的操作。

1976年，江津白沙酒厂的一名会计蒙进彬，根据他的想象，绘制出一张云盘改造图，用铝制材料做成一个锅盖，在石甑上开一个槽，用水密封，当时，能做铝焊的人很难找到，几经周折才制成一个很不好看且漏气的云盘，第一次试用，由于云盘太轻，设计的几个挂钩也无法扣紧，四处漏气，经多次改进才焊接成功，最终采用在云盘上压石头的办法取得成功。后来成立机修组，专制酿酒设备，铝制云盘用了很长的时间，又改为不锈钢制作。

通过这些改进，极大地方便了生产操作，减轻了工人的劳动强度，节约了大量木材，降低了设备制作成本，很快在全行业推广，这是酿酒行业的又一大进步。

进入了20世纪70年代后期，永川县酒厂城关分厂小曲白酒生产车间大胆创新，采用"泡蒸合一""糟箱合一""甄桶合一"、行车运输的方法。"泡蒸合一"是指泡粮、蒸粮在同一甄里完成；"糟箱合一"是指配糟和培菌糟均在一个容器里，上下层是配糟，中间层是培菌糟；"甄桶合一"是指一排桶6个发酵桶的底部都接通蒸汽，将发酵桶和烤酒的地甄合一，发酵成熟后直接盖上云盘通气烤酒。由于培菌箱过厚，不易控制温度，烤酒时疏松度差，对出酒率和质量有一定影响；设备的布局不太合理，所以没有得到推广应用。

1987年，江津糖酒公司在油溪酒厂试验，成功采用了通风箱生产工艺。即：在地下做一个风道，装上排风扇，铺上楠竹块，整个面积20多平方米，用来通风冷却粮食和配糟，而且又可代替闷撒装母糟。将车间的设备进行全面的调整，与通风箱有机地结合起来。将黄水坑改在发酵桶内，适当扩大甄桶体积，这样极大地方便了生产操作，改善了生产过程中的物流运输，减少了工人的搬运距离，扩大了投料，每个班组从350kg投料扩大到800kg，成倍节约了车间面积，大幅度减轻了工人的劳动强度。该厂全面改造后，在不增加厂房面积的情况下，年产量从原来的400t扩大到1400t，经济效益大幅提高。

这一改革成功后，1989年，江津糖酒公司又在新建的3200m²的浓香型酒车间内，将行车和通风箱结合起来，设计出一套大规模小曲白酒生产的工艺流程。即：蒸粮、培菌、蒸酒分组，大窖集中发酵、通风凉糟、行车运输的工艺路线。实现了小曲白酒生产半机械化。这是小曲白酒行业的一次巨大的改革。

这一工艺适合不同大小的小曲白酒厂，也适合行车运输和手工传统方式作业的车间，很快在全国小曲白酒生产行业掀起设备改造之风，在行业内普遍应用，业内名为"通风箱工艺"。由于操作方便，劳动强度降低，目前该工艺在全国普遍推广应用，一个班组日投料量最少的都不低于1t，最大投料量达到了5t。

2014年，龙运川研究出一种蒸粮设备，将小曲白酒蒸粮工序"闷水"操作法，改为"自动化蒸煮"。用不锈钢材料制成压力蒸煮锅，与车间设备相结合，泡粮时将粮食通过筛选器除去粮食中的泥沙和杂质后，用小型提升机将粮食倒入蒸煮锅中，按粮食比例加入一定数量的水，开蒸汽加热到一定温度，浸泡至第二天蒸粮。由于蒸煮锅是双层材料制成，中间再加保温材料，因此，粮食浸泡十多个小时，温度都不会发生大的变化。蒸粮时打开蒸汽，蒸煮到气压表显示一定的压力时，将蒸煮锅旋转倒置15min，使蒸锅内粮食上下吸水均匀，继续加蒸汽蒸煮至一定的气压后，保压1h即可出粮。熟粮出锅也很方便，将蒸煮锅旋转180°，使蒸煮锅出口向下，开动阀门，粮食自动流入斗车，再运送至通风箱。

这一设备的研制成功，由于减少了闷水环节，泡粮水也是通过计算粮食吸水的需要来决定的，因此，可节约用水量70%；在蒸粮过程中，很多时间都是保压的过程，不需要大量的蒸汽，可节约煤炭50%；大量减轻了工人的劳动强度；整个蒸粮过程排出的废水只有100kg左右，且都可以用来作为饲料，在整个酿酒过程中，只有少量的清洁用水排出，基本达到了零排放，解决了小曲白酒生产行业污水排放多、处理成本高这一难题。

该设备蒸出的粮食颜色鲜艳、水分适当、均匀透心、柔熟、皮薄、阳水轻、糊化彻底、淀粉碎裂率高。经反复生产对比试验，对出酒率无任何影响，酒的口感质量优于闷水操作法，并有一种很好的香味，理化指标中呈香呈味物质略有增加。

该设备承受的压力很小，不列入压力容器管理，规模大小的酒厂均适用。目前，该蒸煮锅可蒸煮1t高粱，在重庆地区推广使用。

十三、提高小曲白酒质量的研究

小曲白酒在我国历史悠久，是具有传统特色的一个酒种，其工艺独特、各项经济技术指标先进、产品适用范围广泛，是起源最早、产量最大的一个酒种。曾为我国的国民经济建设做出过一定的贡献。建国以来，小曲白酒的生产通过几十年的努力，工艺不断创新，技术不断提高。在新中国成立初期，它是人们生活中必不可少的一个消费品，在20世纪50～60年代，重庆小曲白酒纳入由国家计划、凭票供应给普通老百姓的保障性商品，由于涉及面广，国家一直把价格控制得很严。

随着市场经济的发展，人们生活水平的提高，浓香型白酒也逐渐发展起来，由于浓香型白酒生产成本比小曲白酒要高，再加上香型不同，当时市场上较为稀少，价格就比小曲白酒高出很多。因此，浓香型白酒就成了有钱人才能消费得起的酒种。在人们心目中，小曲白酒是普通老百姓的酒，是"低档酒"。因此，小曲白酒是"低档酒"的概念就在人们心目中根深蒂固了。

改革开放以后，我国的浓香型白酒在经济利益的驱动下，得到了快速的发展。随着人们经济条件的提高，香浓、味长、重口味的酒品一度得到消费者的喜爱，饮用浓香型酒的人也越来越多，在价格上和人们心目中就形成了两个酒种之间的巨大差距。

1994年，重庆市酒类研究所与江津酒厂共同研究，提高江津白酒的质量档次，解决小曲白酒多年来在消费者心目中是"低档酒"的落后面貌。通过对小曲白酒生产工艺、菌种、发酵池材料等进行系统的研究，优选出了一株适应小曲白酒生产的生香酵母菌种，利用丢糟作培养基，培养固体香醅，增加了酒中主要香味物质的含量，使基础酒中乙酸乙酯含量提高到了300mg/100mL以上，采用了多香型酒种的工艺特点生产调味酒，大幅度提高了产品质量，为产品结构的调整和低度酒的发展打下了良好的基础，并生产出35°~60°之间多档次的品种。为此，打开了重庆小曲白酒单一品种向多品种、低端产品向中高端产品发展的新局面。

从此，重庆小曲白酒走上了低度、高档的发展战略，小曲白酒的价格从每瓶十几元到几百元或上千元不等，使重庆小曲白酒行业的发展迈上了一个新的台阶，彻底改变了小曲白酒是"低档酒"的这一落后面貌。目前，随着饮酒习惯的改变，消费者的口感从香浓、味长、重口味正在向低度、净爽、淡雅的国际流行风格改变，小曲白酒又迎来了一次前所未有的发展机遇。

十四、加强行业管理，促进重庆酒业健康发展

在计划经济年代，重庆的酒类行业一直由糖酒公司进行产销管理，实行酒类专卖，糖酒公司行使行业管理职能，对酒类生产实行计划、产销管理、生产技术指导等，以及对糖酒公司进行行政领导。20世纪80年代中期重庆市

政府为加强酒类生产和市场监管，由重庆市酒类管理局会同有关部门起草制订了《重庆市酒类商品管理条例》，1999年7月29日经重庆市第一届人民代表大会常务委员会第十八次会议通过后发布，于1999年9月1日起施行，从此将重庆酒类生产和市场管理纳入了法制化轨道。

20世纪90年代中期，国有企业进行大规模的体制改革，职能从糖酒公司脱离，酒类企业完全实行了自主经营、自负盈亏、独立核算、照章纳税的市场经济体制。企业之间曾一度互不交流，形成了无人管理的封闭状态。这时，由合川酒厂提议、江津酒厂附议组建重庆市酒厂厂长联谊会，得到了各酒厂的赞同。联谊会采取轮流办会的方法，定期召开会议，互相交流学习，自我约束，实行行业自律，使重庆的酒类行业得到了健康有序的发展。

1998年，成立了重庆市酒类管理协会。在协会的领导下，成立了白酒专家组。在专家组的指导下，制定重庆的酒业发展和技术人才培养规划，开展技术创新，系统地解决了一些技术难题。采取走出去、请进来的办法，积极组织人员参加全国性的有关会议，互相交流，组织到全国各地参观学习先进经验，开阔眼界，提高了企业的管理水平和技术水平。

1997年以前，重庆市小曲白酒引用的是DB/5100×61001.2—1986《小曲酒》的地方标准，1997年由重庆酒协牵头制定、2001年和2008年两次修订了DB50/T 15—2008《小曲白酒》重庆市地方标准。2008年由重庆市牵头研讨、制定了《小曲固态法白酒》（GB/T 26761—2011），并于2011年发布实施，对推动行业技术进步，提升重庆小曲白酒的地位起到了重要的作用。

为提高技术队伍的素质，开展了定期和不定期的品尝勾兑技术培训和酿酒技术培训。从1998年开始，组建了重庆市首届白酒感官评酒委员会，每五年换届一次。通过培训，推荐了多名重庆的技术精英参加全国评酒委员考核，程宏连、龙运川、文明运、李俊、李斌、夏吉林、刘中利、谭滨、朱丹、伍燚等多位同志先后获得了历届白酒国家评委资格。通过技能考核，一大批技术人才获得了酿酒师、高级酿酒师、品酒师、高级品酒师职称。2014年重庆市酒类管理协会授予了刘升华、程宏连、龙运川、文明运、周天银为首届"重庆市酿酒大师"称号。

重庆小曲白酒，几十年来始终坚持传统工艺与现代科技相结合，坚持技术创新。由于设备、工艺、技术的改进，通风晾糟和行车的应用，班组投料量逐步扩大，20世纪70年代初，每排桶日投料量为300～350kg；目前重庆地区的小曲酒生产，每排桶日投料量最少为1t，一般为1.5t，最大的投料量达到了5t；且原料出酒率按57度（体积分数）计算达到50%～55%，处于国内领先水平。

多粮酒的研究与开发也取得了阶段性成果，采用多种原料配料，不同的原料比例具有不同的口感质量，不同口感风味的多粮酒与高粱小曲白酒进行搭配，丰富了小曲白酒的风味。用多粮酒为基础酒，开发小曲白酒新品种还在进一步研究之中。

长发酵生产小曲白酒与基础酒搭配，或用作调味酒，是提高小曲白酒质量的措施之一。在过去，编者系统地研究过小曲白酒生产工艺，得出的结论是：过于延长发酵期后，酒会产生一定的邪杂味。现在将配糟比例减少，有的配糟比例减少到1∶1。同时重视辅料的处理，在"四配合"方面加以改进，不仅彻底解决了邪杂味问题，酒的口感还特别净爽。由于减少了配糟，降低了劳动强度，扩大了投料量，提高了经济效益，这是重庆小曲白酒生产的一大进步。

多种微生物在小曲白酒生产中的应用也在有条件的企业获得成功，能大幅度提高乙酸乙酯的含量。利用小曲培菌，加大曲发酵，能大幅提高小曲酒的口感质量，更能突出重庆小曲白酒的传统风味特点。

重视小曲白酒的贮存是小曲白酒生产行业的一大改变。以前，都认为小曲白酒是"低档酒"，由于售价低，贮存期很短，加浆降度混合后就出厂。后来小曲白酒的地位得到提高以后，整个行业都认识到产品质量的重要性，而小曲白酒的质量，基酒的贮存尤为重要。现在每家酒厂都有大量的酒进行长期贮存，很多企业还专门为消费者窖藏白酒，根据消费者的意愿用陶缸装酒25～50kg不等，窖入地下，由消费者签封，发给身份证，贮存时间十年几十年均可，每年收取管理费，消费者随时都可以取走。有的企业贮酒规模很大，贮藏的酒可以标价挂牌转让，号称"贮酒银行"。窖藏酒在重庆广为流行。这一方法能否成为重庆的一个特点，能否成为一个长期的产业，目前还在尝试当中。

重庆小曲白酒已成为重庆酒类的一大特色，它以清香醇正、淡雅、净爽的口感，独具特色的风格赢得了广大消费者的喜爱。小曲酒生产企业也逐步发展成为生产规模化、勾调自动化、瓶装现代化、管理科学化的现代酒类生产企业。

重庆小曲白酒也有着不同的风格和特点，在传统小曲工艺基础上，部分企业进行了大量的创新实践与探索：

重庆江津酒厂集团应用多种微生物在小曲白酒生产中参与发酵，将生香酵母应用于小曲白酒生产，能大幅度提高乙酸乙酯的含量，利用小曲培菌、加大曲发酵，提高了"江津白酒"的口感质量。以"醇香清雅、回甜、净爽"的特点，突出了重庆小曲白酒的传统风味特色，保持着几十年传统产品的良好信誉。

重庆江小白酒业江记酒庄秉承消费者至上的信条，致力于白酒"利口化"的研究与创新。江小白将白酒的利口化标准总结为"SLP产品守则"，即白酒应当适宜消费者口感，向"Smooth、Light、Pure"（顺口、清爽、纯净）的方向努力。为此，江记酒庄研究出了独特的发酵控制途径，总结出了以单一高粱为原料的"单纯酿造法"，使产品更加纯净并显著增进了酒体绵甜、圆润、净爽的特点，奠定了江小白酒"简单、纯粹、甜净"的风格，将通过"单纯酿造法"手工精酿的小曲高粱白酒命名为"重庆高粱酒"，以此纪念并发扬重庆地区小曲白酒文化。同时，江记酒庄大胆尝试小曲白酒的低度化，克服技术难题，打造出35°、25°甚至更低度数的"单纯高粱酒"。在酒体口感创新的带动下，江记酒庄生产的淡雅、净爽风格的小曲白酒不仅畅销川渝地区，更大步走向全国，甚至吸引了不少海外客户主动上门寻求合作，掀起了小曲白酒消费的新潮流。

悠久的重庆小曲白酒，起源难以寻根，其间太多的曲直进程与功德路径难以追溯，在新中国成立之后，由于建国初期一穷二白的现实条件，一段时间的生产方式仍处于较为落后的作坊式面貌，但在近五十年的发展进程中，生产技术进步十分显著，从"脚踢手摸"的原始经验把控，迅速发展到量度数控、化验指导、半机械化、机械化自动化作业的先进生产模式。当然，重庆小曲白酒这五十年的发展进步走到今天也很不容易，这有着行业几代工程技术人员的艰辛付出，有着重庆各生产企业几代酿酒工作者的艰苦与辛劳，有着行业技术主管部门及龙头企业组成"帮教"团队，进行不懈的传授作用，也有着国家时代性计划经济与市场经济战略实施的促进作用，特别有着像沈怡方、曾祖训等老一代国家级高级专家的理论指导，和对重庆小曲白酒的赞美与呼吁作用，让重庆小曲白酒在其理论指导与精神鼓励下，通过不断实践与不断创新，迅速进入一个具有时代特征的新的里程碑。

展望未来，重庆小曲白酒将以更加科学的方法和求实的精神，不断探索和创新，把生产工艺模式推向机械化、自动化、智能化的精益酿造，把重庆小曲白酒更加清雅、更加甜净、更加自然的优美滋味奉献给人们。

第二部分
重庆小曲白酒酿造工艺

　　小曲白酒在我国历史悠久，是具有传统特色的一个主要酒种，主要分布在重庆、四川、云南、贵州、湖南、湖北、广东、广西、福建、台湾等省（自治区、直辖市）。重庆小曲白酒主要以高粱等粮谷为原料，根霉小曲为糖化发酵剂，采用整粒原料经蒸煮，做箱培菌糖化、续糟固态发酵、蒸馏、陈酿、勾兑而成。它以其醇香清雅、糟香突出、回甜、协调、余味净爽的独特风格而深受饮者喜爱。该酒种在整个酿酒行业中独具特色：一是用曲量少，为原料的0.2%；二是出酒率高，原料出酒率高达52%以上；三是发酵周期短，一般为5d发酵；四是工艺设备简单，白酒储存老熟快；五是产品用途广泛，除能满足广大消费者直接饮用外，还是生产配制酒的基础酒，也是烹调、食品、制药等行业不可缺少的原料酒。

第一章

重庆小曲白酒的原辅料

第一节　原料

重庆小曲白酒生产主要以粮谷为原料，原料的品种不同对白酒的品质影响较大，高粱是酿造小曲白酒最好的原料，也有少数地方采用玉米、小麦、大米等作为小曲白酒酿造原料。

一、原料的基本要求

白酒界有"高粱香、玉米甜、大麦冲、大米净"的说法，概括了几种原料与酒质的关系。重庆小曲白酒的原料主要是高粱、玉米、小麦、大米等粮谷原料，以糯者为好。

生产重庆小曲白酒的原料，要求新鲜，籽粒饱满，有较好的千粒重，原粮水分在13%以下，无霉变和杂质。原料中的淀粉或糖分含量要高，含适量的蛋白质，脂肪含量极少，单宁含量适当，并含有多种维生素，果胶质含量越少越好。不得含有氰化物、番薯酮、龙葵素及黄曲霉毒素等有害成分。

二、原料的成分及特性

小曲白酒生产主要采用粮谷原料，在20世纪70年代粮食紧缺时也采用薯类原料及代用品原料进行小曲白酒生产。小曲白酒主要原料成分含量对比如表2-1-1所示。

表2-1-1　　　　　　　主要原料的成分及含量比较　　　　　　　单位：%

原料名称	水分	淀粉	粗脂肪	粗纤维	粗蛋白	灰分
高粱	11~13	56~64	1.6~4.3	1.6~2.8	7~12	1.4~1.8
小麦	9~14	60~74	1.7~4.2	1.2~2.7	8~12	0.4~2.6
大麦	11~12	61~62	1.9~2.8	6.0~7.0	11~12	3.4~4.2

续表

原料名称	水分	淀粉	粗脂肪	粗纤维	粗蛋白	灰分
玉米	11~17	62~70	2.7~5.3	1.5~3.5	10~12	1.5~2.6
大米	12~13	72~74	0.1~0.3	1.5~1.8	7~9	0.4~1.2

高粱是酿造小曲白酒最好的原料，按粳度分为粳高粱和糯高粱两类，我国的北方多产粳高粱，南方多产糯高粱，糯高粱含的几乎全是支链淀粉，结构较疏松，容易蒸煮糊化，适于根霉的生长，淀粉出酒率高；粳高粱含有一定量的直链淀粉，结构较紧密，蛋白质的含量高于糯高粱。通常将粳高粱称为饭高粱，现在已有多种杂交高粱种植。

（一）高粱的成分

不同品种高粱成分的含量如表2-1-2所示。高粱的内容物多为淀粉颗粒，外包一层由蛋白质及脂肪等组成的胶粒层，易受热而分解。高粱的半纤维含量约为2.8%。高粱壳中的单宁含量在2%以上，但籽粒仅含0.2%~0.3%。微量的单宁、花青素等色素成分，经蒸煮和发酵后，其衍生物为香兰酸等酚类化合物，能赋予白酒特殊的芳香；但若单宁含量过多，则能抑制酵母发酵，并在开大汽蒸馏时被带入酒中，使酒带苦涩味。

高粱除含有上述主要成分外，每100g可食部分还含有硫胺素0.14mg、核黄素0.07mg、烟酸0.6mg、钙17mg、磷230mg、铁5mg、发热量525.7J。

表2-1-2　　　　　　　　　不同品种高粱成分含量　　　　　　　　单位：%

品种	水分	淀粉	粗蛋白	粗脂肪	粗纤维	灰分	单宁
东北多种高粱平均	13.13	62.46	10.12				
贵州糯高1号	12.2	61.03	8.96	4.03		1.75	0.6
泸州糯高粱2号	13.37	61.31	8.41	4.32	1.84	1.47	0.36
永川糯高粱	12.78	60.03	6.74	4.06	1.64	1.75	0.29
泸州糯高粱	13.8	61.31	8.41	4.32	1.84	1.47	0.16

（二）高粱的结构特点

高粱蒸煮后疏松适度，黏而不糊。不同品种高粱的结构不同，如不同粳高粱构成部位的比例如表2-1-3所示。

表2-1-3　　　　　不同品种粳高粱构造部分的比例　　　　单位：%

构造部分	白高粱	青高粱	黄高粱	红高粱	黑高粱
胚乳	83.3	81.1	81.1	79.9	79.1
胚	6.8	7.4	6.8	6.6	6.7
种皮	9.9	11.6	12.1	13.5	14.2

第二节　辅料

制白酒所用的辅料，按其作用可分为两大类，一类是利用其成分，如固态发酵中使用的酒糟，小曲白酒称为配糟。另一类则主要是利用其物理特性，如稻壳等。

一、辅料的作用及要求

（一）作用

辅料的作用有：利用辅料中的某些有效成分；调剂酒醅的淀粉浓度，调剂混合糟酸度，调剂酒醅的酒精浓度，保持浆水；使酒醅具有一定的疏松度和含氧量，并增加界面作用，使蒸馏和发酵顺利进行；有利于酒醅的正常升温。

（二）对辅料的要求

辅料要求杂质少、新鲜、无霉变；具有一定的疏松度及吸水能力；或含有某些有效成分；少含果胶、多缩戊糖等成分。

二、辅料的成分及特征

（一）辅料的理化性质

重庆小曲白酒的辅料有两类，一类是配糟，配糟中含粗淀粉5%～8%、酸度1~1.2、水分70%；另一类是稻壳等辅料，主要起着疏松的作用，其理化性质如表2-1-4所示。

名称	水分含量	淀粉含量		果胶含量	多缩戊糖含量	疏松度	吸水量
		粗淀粉	纯淀粉				
高粱壳	12.7	29.8	1.3		15.8	13.6	135
玉米芯	12.4	31.4	2.3	1.68	23.5	16.7	360
谷糠	10.3	38.5	3.8	1.07	12.3	14.8	230
稻壳	12.7			0.46	16.9	12.9	120

表2-1-4　　　　各种辅料的理化性质比较　　　　单位：%

白酒生产多以稻壳、谷糠、酒糟为辅料。高粱壳、玉米芯用者较少，因玉米芯含有较多的多缩戊糖，在发酵过程中会产生较多的糠醛，使酒稍呈焦苦味；高粱壳的单宁含量较高，能抑制酵母的发酵。

（二）辅料的特性比较

1. 配糟

配糟是蒸酒后的丢糟，小曲白酒生产，有的地方也不用配糟，如云南小曲酒等，配糟是重庆小曲白酒的一大特色，除起到填充料的作用外，还要利用配糟来调剂酒醅的发酵速度。酒糟中的残余淀粉，重复发酵可提高出酒率，酒糟中微生物发酵后的前驱物质可增加酒中微量香味成分，提高口感质量。

2. 稻壳

稻壳又名谷皮，是稻米谷粒的外皮，一般使用2~4瓣的粗壳，不用细壳，因细壳中含大米皮较多，故脂肪含量高，疏松度也较低。但稻壳中含有少量的多缩戊糖和果胶质，在生产过程中会生成糠醛和甲醇，故需在使用前用大火清蒸。稻壳因质地坚硬，吸水性差，故使用效果不及酒糟和谷糠；但因价廉易得，故被广泛用作酒醅发酵中蒸馏的填充料，为小曲白酒较好的辅料。

3．谷糠

谷糠是小米或黍米的外壳，不是稻壳碾米后的细糠。其用量较小，作用是使发酵界面增大。故在小米产区多以它为优质白酒的辅料；也可与稻壳混用。使用经清蒸的粗谷糠可赋予成品酒特有的醇香和糟香。

4．高粱壳

高粱壳指高粱籽粒的外壳。其吸水性能较差，故使用高粱壳作辅料时，入窖水分应稍低于其他辅料。高粱壳虽含单宁较高，但对酒质无明显的不良影响。

5．玉米芯

玉米芯指玉米穗轴的粉碎物，粉碎度越大吸水量越大。但多缩戊糖含量较多，故对酒质不利。

第三节　酿酒用水

水是酿酒的重要原料之一。我国自古就有佳泉出美酒的传说。大多数名优酒厂都有自己的佳泉或是临近优质水源，因此能够保证产品品质。对于没有优质水源的酒厂，则必须对酿酒用水进行认真处理。在白酒的生产过程中，对于水的质量要求，应是有利于酿酒微生物的正常活动，没有异臭异味，未受污染、硬度适宜的洁净水。用水的质量标准应首先符合我国生活饮用水的水质标准。

根据小曲酒生产各阶段用水功能不同，可分为生产工艺用水、冷却用水、加浆勾调用水、洗涤用水、锅炉用水五类，各类用水对水质的要求也不同。

1．生产工艺用水

生产工艺用水是指与原料、半成品直接接触的水，通常包括制曲时拌和原料，酿酒时的泡粮、闷水，蒸酒的底锅水等，这是白酒生产中主要用水阶段，水质要求无色、透明，无邪杂腥臭味，不苦、不涩、不咸、无异味，清爽可口，其理化卫生指标必须符合国家规定的生活饮用水标准。

2．冷却用水

小曲酒生产中的冷却用水，主要是在蒸馏过程中，使酒精蒸汽通过冷凝器受冷水冷凝,即通过冷热相互交换,将酒精蒸汽转变为液态状的白酒,这就需要大量冷水进行热交换作用。这种水不与物料直接接触,故只需温度较低、硬度适当。若硬度过高,会使冷却设备结垢过多而影响冷却效果。为节约用水,冷却水应尽可能予以回收利用。小曲白酒的泡粮和闷水都要利用冷却热水,所以这类水也要符合国家规定的生活饮用水标准。

3.加浆勾调用水

加浆勾调用水要求硬度在4.5° d(德国度)以下,高于此硬度的水需经过处理后才能使用。若用硬度大的水降度,酒中的有机酸与水中的Ca、Mg盐缓慢反应,将逐渐生成沉淀,影响酒质。所以加浆勾调用水必须经过纯净水处理设备处理达到纯净水的标准再使用。这样生产出来的酒里面金属离子含量低,色泽清亮透明。

4.洗涤用水

用于设备、工具、包装、场地清洗等的洗涤用水,可以用回收水,但水质也要保证干净卫生,包装的最后一次冲瓶水还应该使用纯净水。

5.锅炉用水

锅炉用水必须经软化处理,要求总硬度低,含油量及溶解物等越少越好。若含有沙子或污泥,则会形成层渣而增加锅炉的排污量,并影响炉壁的传热,或堵塞管道和阀门;若含有多量的有机物质,则会引起炉火泡沫、蒸汽中夹带水分,因而影响蒸汽质量;若锅炉用水硬度过高,则会使内壁结垢而影响传热,严重时,会使炉壁过热而凸起,引起爆炸事故。锅炉水处理方法主要有反渗透法和离子交换法。

第二章

重庆小曲白酒的曲药

第一节　小曲白酒酿酒有关的微生物

酿酒有关的微生物主要有霉菌、酵母菌、细菌三类，霉菌主要有根霉、曲霉、毛霉和红曲霉菌等。与重庆小曲白酒有关的微生物主要是根霉菌和酵母菌。

一、根霉菌

（一）根霉菌概述

根霉菌是常见的霉菌，在空气、土壤中，以及各种器具的表面，都经常有它的孢子存在。在酿造上根霉扮演着重要角色。我国小曲酒，是以根霉为主的霉菌类为糖化剂。然而在日常生活中，它也常会引起淀粉质食品如馒头、面包等发霉变质，也能引起蔬菜霉烂。

根霉菌在生命活动中能产生糖化酶，将淀粉转化成糖，所以它是酿酒工业的糖化菌。

根霉菌丝没有横隔膜，一般认为是单细胞真菌。根霉在培养基上生长时，由营养菌丝体产生弧形匍匐菌丝，向四周蔓延。匍匐菌丝接触培养基处，分化成一丛假根（类似根状菌丝），吸收养料。从假根处丛生出直立的孢子囊柄，柄的顶端膨胀而形成圆形的囊，称为孢子囊。孢子囊中有许多孢子，称囊孢子。成熟以后的囊孢子从破裂的囊壁上被释放出来，散布各处，或随风飘扬，遇有机会，即温度、水分及营养条件适宜处就开始繁殖。

另外在根霉麸皮成曲的生产中看到的厚壁孢子，是由根霉菌丝体内原生质浓缩而形成的抵抗不良环境的一种繁殖器官，一旦遇到适宜的条件即可直接发芽生长成菌丝体。成品曲中要求这种厚壁孢子越健壮，越多越好。

（二）根霉酶系的特点

根霉含有丰富的淀粉酶，一般包括液化型和糖化型淀粉酶，两者的比例约为1：3.3，而米曲霉则为1：1，黑曲霉为1：2.8。可见小曲的根霉中糖化型淀粉酶特别丰富。尽管由于液化型淀粉酶的活力较低而使糖化反应速度降慢，但它的最大特点是糖化型淀粉酶丰富，能将大米淀粉结构中的 α-1，4键和 α-1，6键打断，最终较完全地转化为可发酵性糖，这是其他霉菌无法相比的。

根霉细胞中还含有酒化酶，具有一定的酒化酶活力，能边糖化边发酵。这一特性是其他霉菌所没有的。由于根霉具有一定的酒化酶，可使小曲酒整个发酵过程中自始至终能边糖化边发酵连锁进行，所以发酵作用较彻底，淀粉出酒率进一步得到提高。

根霉是好气性微生物，在整个培养过程中必须供给充足的氧，否则就会影响繁殖和生长。根霉菌喜欢在微酸性环境中生长，其最适pH范围为5~5.5。根霉菌对营养条件的要求也不是很高，试管菌种一般用米曲汁或马铃薯蔗糖琼脂培养基，二级曲种和大批曲生产，麸皮就是最好的培养基，一般不需另加营养物质。

（三）常用根霉菌菌种

3866、3851：由中国科学院微生物研究所提供。具有糖化发酵力强的特点，适用于小曲酒的生产。

Q303：由贵州省轻工业科学研究所分离。它具有糖化发酵力强、生长速度快、性能稳定的特点，适用于小曲酒生产。

YG5-5：由重庆永川酒类研究所（简称酒研所）诱变、分离。具有糖化发酵力强、生酸少、生长速度快、性能稳定的特点，适用于小曲酒的生产。

二、酵母菌

（一）酵母菌概述

酵母菌是单细胞微生物，属真菌类，是人类实践中应用较早的一类微生物。酵母菌的细胞由细胞壁、细胞膜、细胞核、细胞质、液泡、线粒体以及多种贮藏物组成。酵母大多数以单细胞状态存在，细胞的大小一般宽1~5μm，长5~30μm，直径一般为4~6μm，多呈椭圆形、卵形、球形。酵母的繁殖方式分有性繁殖和无性繁殖两种，通常以无性繁殖为主，多数芽生，少数以分裂方式繁殖。在自然界中，酵母主要生长在含糖量较高的偏酸性环境中，如果蔬表面。一般的酵母菌生长的温度范围在4~30℃，最适温度25～30℃，pH 4.5～5.5，发酵最适温度25～34℃，pH 4～5。

酵母菌是兼性微生物，在繁殖时需要供给大量的空气，具好气性；在进行酒精发酵时，它就不需要空气，具厌气性。所以酒精酵母是一种兼气性微生物。

酵母的营养条件和霉菌一样，培养斜面试管菌种，一般常用麦芽汁和米曲汁琼脂培养基，扩大培养时最好的培养液为玉米糖化液，固体常用麸皮加部分米糠或豆饼粉做培养基。

（二）常用的酵母菌菌种

酿酒酵母AS2.109、AS2.541、K，南阳酵母等都是广泛使用的酒精酵母，它们都具有很强的发酵能力。

（三）酒精活性干酵母

酒精活性干酵母是应用现代生物工程新技术生产的高科技生物产品，对酿酒工业和酒精工业继承发扬传统，洋为中用，古今结合大有裨益。对促进酿酒行业的工艺进步，提高质量，降低消耗，安全度夏，增加效益有着积极的作用。目前安琪牌、奥力牌等酒精活性干酵母，具有耐高温、抗杂菌能力强、耐酸性强、升酸幅度小、耐乙醇浓度高、发酵速度快、发酵周期短的特点，是许多酒精厂、白酒厂首选的酵母菌种。

第二节　培菌的基本知识

一、消毒与灭菌

在生产实践中，对微生物都要求用纯种培养，不应存在任何杂菌，所以要对原料和环境进行消毒和灭菌。消毒一般是指用化学方法消灭或减少有害微生物。灭菌是指用化学或物理方法杀死微生物。

（一）消毒

制曲生产常用的消毒剂有以下4种：

甲醛溶液：每立方米空间用5～8mL熏蒸房间。熏蒸时，房间关闭紧密，房间可预先喷湿以加强效果。

硫黄：每立方米空间用15g。

酒精：70%酒精常用于皮肤或器皿的消毒。

新洁尔灭溶液：原浓度为5%，稀释成0.25%，用于皮肤或器皿消毒，但它只能杀死菌体，不能杀死孢子。

（二）灭菌

干热灭菌：适用于三角瓶、试管、培养皿、吸管等，在160～180℃维持1～2h便可达灭菌目的。如灭菌时间长，可采用间歇式，效果更好。

湿热灭菌：在同样温度下，有水分存在时比干燥状态易于灭菌。主要有：①煮沸灭菌法：直接将需要灭菌的物件放在水中煮沸5min以上，即可杀灭细菌的全部营养细胞和一部分芽孢；②蒸汽加压灭菌法：一般在0.1MPa蒸汽压力下灭菌20～30min，即可杀灭各种微生物及其芽孢；③间隙灭菌法：将需灭菌的物品，在常压下以蒸汽加热1h，杀灭其中微生物的营养细胞，冷却后，放于30～37℃恒温箱中培养1d，使残存的微生物芽孢萌发为营养细胞，再以同法加热，如此反复3次，一般可达到彻底灭菌的要求；④低温消毒法（巴氏灭菌法）：是利用微生物的营养细胞在60℃加热30min后即被杀灭的原理。湿热灭菌主要用于培养基的灭菌，也用于器皿、工具、材料的灭菌。

紫外线灭菌：紫外线灭菌能力很强（必须有一定的强度），作为室内灭菌很方便，但不能达到完全灭菌的目的。在具体的使用过程中，应注意定期更换紫外灯，注意调节紫外灯的距离等，效果方佳。

二、培养基的类别及制备方法

培养基是人工调配各种营养物质，用以培养微生物的基质。培养成分、种类和配比合适与否，对微生物生长发育、物质代谢、发酵产物的积累，以及生产工艺都有很大的影响。

酿酒工业上培养霉菌及酵母菌一般均采用自然培养基。

米曲汁培养基：将大米蒸成米饭，接入黄曲种，装入曲盘，30℃保温培养1d左右待米粒上长满白色菌丝，呈微黄色，即可制成米曲，加水置于55～60℃水浴锅中糖化至液体中加碘无淀粉反应，将糖化液煮沸过滤即可。

葡萄糖豆芽汁培养基：称取洗净的黄豆芽100g，加水1000mL，煮沸40min，用纱布过滤，滤液用水补充至原来的体积，即为10%的豆芽汁，加入适量的葡萄糖，则为葡萄糖豆芽汁培养基。

麦芽汁培养基：1kg大麦芽粉，加水4kg左右，在55～60℃水浴锅中保温糖化3～4h，至液体中加碘无淀粉反应为止，过滤即可。

葡萄糖马铃薯培养基：将200g去皮切成薄片的马铃薯加水1000mL，加热至80℃，热浸1h，用纱布过滤，滤液用水补足至1000mL，加入适量葡萄糖，搅拌溶解，即为葡萄糖马铃薯培养基。

甜酒水培养基：取甜酒酿煮沸后过滤，滤液即为甜酒水培养基。

麸皮固体培养基：称取麦麸100g，加水700～1200mL和匀即成，培养基应随用随做。

若需将上述液体培养汁制成试管斜面培养基，应在沸腾状态下加入1.5%～2.0%琼脂，并不断搅拌直至琼脂完全溶化，过滤后趁热分装在试管里，经过高压灭菌，然后趁热摆放成适当的斜度，待冷却凝固后即成。

三、接种与培养

试管接种是将试管原菌在无菌的条件下移接至另一试管培养基上或者移接到试管液体培养基、三角瓶固体培养基、三角瓶液体培养基上进行扩大培养，生产实践上对原菌种的保存培养，要求做到绝对纯种，种子培养也希望尽量做到纯种。虽然接种都是在经过灭菌过的接种室或接种箱内进行，但实际上空气中还是很难保证无菌。因此接种操作必须要严格按照操作程序，熟练掌握灭菌操作技术，接种时动作要快速敏捷。

原菌接种完毕，应置于恒温箱内培养，培养的温度及培养的时间视菌种不同而异。培养期间，尚需观察生长情况。待培养成熟，便可取出保藏或供生产使用。

四、菌种的分离、复壮和保藏

如果使微生物长期生长在不适合生长和繁殖的物理、化学环境下，就会产生退化；在斜面培养基上同一营养条件下，多次传代，有可能造成菌种的退化；菌株本身也会退化。

防止菌种衰退和进行菌种复壮的经验和方法有纯种分离，控制传代次数，创造良好的培养条件，采取有效的菌种保藏方法。

纯种分离主要是将被分离的样品经适当稀释后，得到分散的菌体，在适合原有菌种的培养条件下产生单个菌落，即可得到纯菌种。分离后的菌种在大生产使用前必须进行性能测定。测定结果良好，才能用来进行扩大培养以应用于生产。

菌种保藏的方法很多，原理也大同小异，首先挑选优良纯种，最好采用休眠体；其次要创造一个有利于休眠的环境条件，如干燥、低温、缺氧、缺乏营养及添加保护剂或酸性中和剂等，使微生物代谢活动处于缓慢状态。常见的方法有：斜面菌种冰箱保藏法，矿油保藏法，砂土管保藏法，冷冻干燥法等。

第三节　重庆小曲白酒曲药的制造工艺

小曲酿制在我国具有悠久的历史，由于配料与酿制工艺的不同，各具特色，品种多样，按添加中草药与否可分为药小曲与无药小曲；按用途可分为甜酒曲与白酒曲；按主要原料可分为粮曲（全部大米粉）与糠曲（全部米糠或多量米糠，小量米粉）和麸皮曲（重庆小曲酒以麸皮曲为主）；按地区可分为四川药曲、汕头糠曲、厦门白曲与绍兴酒药等；按形状可分为酒曲丸、酒曲饼及散曲等。

传统小曲是用米粉（米糠）为原料，添加少量中草药并接种曲母，人工控制培养温度制成。因为颗粒比大曲小，故称为小曲。小曲的制造是我国劳动人民创造性利用微生物独特发酵工艺的具体体现。小曲中所含的微生物主要有根霉、毛霉和酵母等。就微生物的培养来说，是一种自然选育培养。在原料的处理和配用中草药上，能给有效微生物提供有利的繁殖条件，且一般采用经过长期自然培养的种曲进行接种。

用中药制曲是传统小曲的特色，据研究，酒曲中的大部分中草药有促进或控制微生物繁殖生长及增加白酒香味的作用，但也有一些中药作用机制不明显，有的反而有害。近代的生产实践证明，少用药或不用药，也能制得质量较好的小曲，也可酿出好酒，如从四川邛崃的米曲到重庆永川的无药糠曲，由添加几十味中草药到不添加中草药，既节省药材，也节约了粮食，降低了成本。用中药制曲的传统小曲制作方法曾经为小曲白酒的发展作出了重大历史性贡献，这些方法代代相传，经过了长期人工的筛选，保存了我国小曲的优良菌种，为现代小曲纯种培养提供了分离优良菌种的材料和原料配方改革的基础。

如今重庆小曲白酒使用的曲药都是麸皮制的根霉曲药，它是由纯根霉菌和酵母菌混合而成的，简称根霉曲。

一、根霉曲生产方法

根霉曲与传统小曲相比具有如下优点：①以麸皮代替米粉，可节约大量粮食；②不用中草药材，降低了成本；③使用纯培养的优良根霉，采用科学灭菌技术，曲中有益微生物占绝对优势，杂菌难以入侵为害；④用浅盘制曲法生产工效高，操作技术容易统一；⑤曲料与空气接触良好，根霉生长繁殖迅速、均匀，制曲周期大大缩短，仅需48h左右；⑥产品质量比较稳定，出酒率高。

根霉曲是采用纯培养技术，将根霉与酵母在麸皮上分开培养后再混合汇兑而成的。下面分别介绍其生产方法。

（一）纯种根霉

1.试管菌种（一级种）的培养

试管菌种的培养极为重要，生产上习惯把它称为一级种。根霉同样具备微生物容易变异的特点，往往因频繁移接，培养基不适应而造成试管菌种变异。为解决这一问题，适应大生产的需要，用麸皮制成麸皮试管培养基，对稳定根霉曲质量起到良好的作用。但在分离选育菌种时还是离不开斜面试管培养基。

2.三角瓶扩大培养（二级种）

（1）流程　麸皮加水 → 润料 → 装瓶 → 高压灭菌 → 降温 → 接种 → 培养 → 摇瓶 → 扣瓶 → 出瓶 → 干燥 → 三角瓶种子（二级种）。

（2）润料与接种　称取麸皮，加水60%～70%充分拌匀，装入500mL或1000mL三角瓶中，装料厚度约10mm，塞好棉塞，于0.12MPa蒸汽高压灭菌40min，灭菌完毕，待冷至30～35℃，以无菌操作，从根霉试管中接入菌种。

（3）培养与烘干　将已接种的三角瓶移入28～30℃培养箱中保温培养。到达36h左右，菌种一般以菌丝生长穿透麸皮，进行扣瓶，继续培养12h出瓶、烘干，烘干温度40~45℃。

3. 纯种根霉的扩大生产

根霉曲推广后的一段时间内，生产根霉曲的厂家都采用木质曲盘制曲（浅盘制曲），后来又有厂家用帘子制曲和通风制曲。通风制曲应该说是根霉曲生产技术的进步，它的特点是产量大、劳动强度低，设备要求高，技术要求严格，适合于大厂。浅盘设备简单，投资少，技术要求不高，适用于小厂。论曲的质量，浅盘曲容易控制，发生污染时容易发现，且往往只限于局部。而通风制曲环境及设备不易消毒，发生污染时杂菌蔓延很快，往往连续多批报废，曲池四周温度也不易完全控制。所以为了保证质量，目前很多厂仍采用曲盘制曲，将浅盘种子作为大批产品用曲。

（1）浅盘培养

① 工艺流程：麸皮加水 → 润料 → 上甑 → 蒸料 → 出甑 → 降温 → 接种 → 装盒 → 培养 → 扣瓶 → 成品曲。

② 操作要点

润料：麸皮加水55%~60%，用扬麸机拌匀。润料用水多少，由气候、季节、原料及生产方式、设备条件而定。为保证孢子数量，切忌用水量少。

蒸料：蒸料的目的不仅是为了糊化麸皮内淀粉，更重要的是要杀死料内杂菌，蒸料时间为穿汽后常压蒸1.5~2.0h。

接种：将蒸好的麸皮，经扬麸机降温至冬季35~37℃，夏季接近室温即可接种，接种量一般为0.3%左右，接种量大，培养时繁殖速度快，品温上升较猛；接种量小，则繁殖速度较慢，一般夏天接种偏少，冬季较多。拌和均匀后，装入曲盘进晾室培养。

培养：接种后曲盘叠成柱形，室温控制在28~30℃进行培养，视根霉不同阶段的生长繁殖情况，调节温度，控制湿度，采用柱形、十字形、品字形或X形等各种不同的形状，使根霉在30~37℃的温度范围内生长繁殖。培养20h左右，根霉菌丝已将麸皮连接成块状，进行扣盒，扣盒后继续培养至品温接近室温时出曲烘干。

烘干：根霉曲烘干一般分两个阶段进行，前期烘干时因曲子含水较多，微生物对热的抵抗力较差，温度不宜过高，前期温度为35~40℃，随着水分蒸发，根霉对热的抵抗力逐渐增加，后期烘干温度可控制在40~45℃。切忌温高，否则排湿过快。

粉碎：烘干的根霉经粉碎入库，粉碎能使根霉的孢子囊破碎，释放出孢子来，以提高根霉的使用效能。因为根霉的繁殖是依靠孢子来进行的。

（2）通风制曲大批生产　通风制曲是现代先进制曲方法，具有节省厂房面积，节约木材与劳动力，提高设备利用率等特点，但必须在不停电或少停电地方建曲药厂。

①润料蒸料接种：与浅盘制曲同（略）。

②入池：将已拌菌种麸料充分拌均匀后，用无菌撮箕装入灭菌后的通风培菌池内，刮平曲料，装料厚度一般为22～26cm，搭一层白布保温，插上温度表，进行静止培养。

③通风培菌：培菌室温保持在30℃左右，品温保持在30～31℃为宜。培菌过程中，6～8h，菌丝开始发芽，品温有所上升，开始间接通风。待品温上升到35℃时，便开始连续通风，使曲料品温保持在32～34℃。培菌17～18h后，菌丝开始大量繁殖，原料中的营养物质已大量消耗，根霉菌的生长繁殖，使品温上升很快，注意连续通风培菌。由于麸皮料中加有稻谷壳，只有采取强行通风降温，品温才能控制在35～36℃内。

培菌过中，曲料中菌丝布满成熟结饼，成熟菌丝大部分已倒，培菌时间38～40h，即可停止培菌。用消毒后的小锄头，将培菌池中曲料挖翻打散，用灭菌后撮箕端出，入扬麸机打散，运入烘干房烘干。

④烘干粉碎：与浅盘制曲同。

（3）帘子制曲大批生产　帘子制曲设备原由竹料编成床式，再固定2～3层竹篾垫，放上竹席培菌。现改为用钢管5根，呈五角形焊接好，以次等白布做成10～12层作帘子，培菌料在帘子上培菌，这是一种旧式制曲方法，下部分受热温度高，上部分受热不够，温度低，整个培菌菌丝生长不均匀，所制出根霉酒曲质量较差。

帘子制曲的润料、蒸料、接种、烘干、粉碎等工序与浅盘、通风制曲一样。只是培菌方法有所区别。

培菌：将接种后的麸料，用无菌撮箕撮上钢架上帘子，把曲料铺平刮匀，厚度3～4cm。曲料入帘完毕，用2cm厚的泡沫垫子围着帘子架，以保曲料湿度。在8～15h后，菌丝生长，这时揭去围的泡沫垫，室温控制到30℃左右，保持培菌温度30℃。培菌18～20h，曲面菌丝布满，20～22h后，成熟菌丝大部分已倒，开始将帘子上结饼曲料翻面。曲料升温到35～36℃时，开门窗、天窗排潮，以排出二氧化碳，便于新鲜空气入培菌室，使菌丝生长老熟。排潮过程中，还要将曲饼切成鸡蛋大小，用竹块犁成行，一般培菌38～40h后出曲。

（二）固体酵母

1．一级试管培养

酵母液体培养基常采用麦芽汁糖液培养基，称取大米（玉米粉）500g，加水3000～3500mL，煮成糊状，凉至60℃加麦芽500g，搅匀保温55～60℃，糖化4～6h过滤即成，其浓度为7～8° Bé。每只试管装10mL糖液，无菌条件下接入1～2环斜面试管原种，摇匀后置于28～30℃培养箱，培养24h左右，液面冒出大量CO_2气泡即成。

2．三角瓶菌种培养

每只1000mL的三角瓶，装糖液700mL，0.12MPa灭菌30min，待冷至30～35℃，接入一级试管酵母菌种，移入28～30℃培养箱，培养24h即成。有的厂三角瓶菌种培养分两次扩大，将一级试管酵母菌种接到150mL三角瓶中培养16h，再转入1000mL三角瓶培养12h。

3．卡氏罐培养

卡氏罐接种培养方法与三角瓶基本相同，只是糖液糖度为6° Bé。

酵母液体扩大培养的量视投料量来定，控制在5%～10%，可用三角瓶，也可用卡氏罐。

4．酒精活性干酵母活化液

酒精活性干酵母，在根霉曲中应用效果也很好。但直接活化后加在纯根霉中，由于酵母在固体中不能蔓延，无法繁殖到整个培养箱中，达不到效果。最好的方法是将活性干酵母活化后，作为酵母菌种进行大批培养。方法是：配制含糖4%的糖液，在38～40℃时加入原料量的万分之三的干酵母，糖液量为干酵母的50倍，在30～35℃活化4h，作为固体酵母培养的酵母菌种。

5．固体酵母的生产——酵母的扩大生产

麸皮80%，米糠20%，加水量为总投料的60%，用扬麸机拌匀，上甑蒸1.5h出甑摊凉，待曲料冷至34～35℃，接入5%～10%的卡氏罐（三角瓶）酵

母菌种或活性干酵母活化液和0.3%的根霉种子（利用根霉糖化淀粉的作用，给酵母的生长繁殖提供糖分），拌匀装入曲盘，移入温室培养，室温控制在28～30℃，视不同阶段的繁殖生长情况，调节品温和控制温度，采用柱状、X形、品字形、大十字形进行培养。在培养到18h和30h左右要翻拌一次，对酵母的翻拌很重要，酵母繁殖生长需要大量氧气，放出CO_2，翻拌操作能排除曲料中的CO_2，补充氧气，调节温度，使酵母能繁殖到整个曲料中去，以提高酵母质量。酵母培养成熟后进入烘干室进行烘干，烘干温度在40℃左右，烘干后粉碎入库。

（三）汇兑混合

将固体酵母按一定比例配入纯根霉中而成根霉曲，使根霉曲具有糖化和发酵作用，根霉中配酵母的多少，视工艺、发酵周期、气温、季节变化、配糟质量、水分而定。通常成品根霉曲中配1.0亿～1.5亿个/g曲，混匀即可。

二、根霉曲生产中常见的污染菌及其防治

毛霉、犁头霉及根霉这三者是毛霉科中的三兄弟，外观相似，根霉似棉花，毛霉似猫毛，犁头霉近似于根霉。它们的菌丝都可无限地向四周蔓延。三者的主要区别为：①根霉有葡匐菌丝，由葡匐菌丝生出假根，与假根相对，向上生出一簇孢囊梗，顶端形成孢子囊；②毛霉无葡匐菌丝及假根；③犁头霉菌丝似根霉，但孢子囊梗散生在葡匐菌丝中间，但同假根并不对生。毛霉、犁头霉污染的来源主要为空气，酒厂里的粮食、大曲及周围的环境有许多毛霉及犁头霉，其孢子随风飘扬，成为不速之客来到曲子上。主要的防止措施为选好曲房的位置，要远离酿酒车间、大曲房、粮库及其他污染源。

枯草杆菌属芽孢杆菌，在生产过程中，只要在曲房或烘房中闻到一股浓烈的馊臭味，就可以确定为大量枯草杆菌污染，枯草杆菌主要来源于原料，酒厂的空气中为数也不少，一方面要加强培养基原料的消毒，另一方面还要控制制曲条件。原料蒸透，可以杀死营养体及一部分芽孢。残留在麦麸培养基中的芽孢要千方百计地不使其繁殖，主要的措施是控制制曲条件。培养前期品温必须严格控制在30℃以下，有利于根霉生长而不利于枯草杆菌繁殖；同时根霉生长过程会产酸，破坏了枯草杆菌正常繁殖的pH环境。根霉在培养基中大量繁殖后，枯草杆菌就难以繁殖了。在制曲过程中，一旦发现枯草

杆菌大量污染，就要对曲房、烘房及曲盒进行严格的消毒。

在根霉曲中发现的念珠霉其特点为孢子呈瓜子形，菌丝常成束。念珠菌可以在曲房中出现，也可以在烘房中出现，如果在曲子上闻到一股带甜的花香味，曲子表面发白，手指一摸会粘上一层白粉，是念珠霉污染无疑。

念珠霉污染的原因开始时可能是来自麦麸，润料时麦麸飞扬所致。一旦开始污染，由于念珠霉的孢子很轻，到处飞扬，从一个曲房到另一个曲房，从烘房到曲房，从曲房到烘房，形成恶性循环，致使有的厂经数月还不能消除念珠霉的污染。故一旦发生污染，就要全面停产，彻底消毒。少量念珠霉污染不影响出酒率，大量污染时会使出酒率有所降低。

曲霉在自然界分布极广，几乎在一切类型的基质上都能生长。在根霉曲上发现的曲霉主要有黑曲霉及黄曲霉，污染黑曲霉或黄曲霉时会在麦麸培养基表面看到分散的丝绒状深黑色或黄绿色菌落斑点，在培养基中的细丝较浓，颜色发白。

一般曲霉不会形成大面积的污染，对小曲白酒威胁不大。曲霉多来自麦麸、粮食或大曲，经空气飞扬而来。防止曲霉污染的方法是：除了改善环境条件外，一旦发现曲霉污染，立即进行清除，不使曲霉孢子到处飞扬。

三、小曲白酒曲药新技术

（1）天津的肖冬光等人研究的"固-液-固"培养新工艺，扩大培养工艺流程为：菌种→固体试管（一级种）→固体三角瓶（二级种）→液态种子罐（三级种）→固态浅盘或曲池（四级种）。此工艺采用液、固相结合的培养方法，一、二、三级种可做到纯粹培养，这样可保证种子不受杂菌污染，第四级种虽然不能做到完全的纯粹培养，但由于是营养菌丝体接种，没有固体种子接种时的孢子萌发期，因而适应期很短，接种后根霉迅速生长，抗杂菌能力增强，培养周期缩短，产品质量提高。用菌丝体培养的报道很多，关于酿酒根霉菌丝与孢子的关系可比喻为果树中枝条和果核的关系，用果树的枝条压条接枝，可以保持果子甘甜的特性，而用其果核繁殖果树，果子容易变酸，具有多变性。根霉是单细胞多核体，根霉孢子具有多个核，孢子的发芽，实际上是核发的芽，所以有时尽管分离培养是单个孢子，但长出来的却不完全一样，有甜型也有酸型，这就给菌种带来多变性和不稳定性。所以用菌丝分离移接根霉，就容易保持根霉原有的甜型特性，防止菌种变异。

（2）重庆市合川酒厂和江津酒厂都对根霉曲配方做了实验和改进。合川酒厂根据对成品曲的分析，发现麦麸的营养物质大大过剩，培养后的成品曲残余糖分过多，既是一种原料的浪费，又影响曲药的保质期。他们将配料改为麸皮60%左右，谷壳粉40%左右，经大生产实验，成品曲色好，菌丝多而健壮，糖化率高，残淀少，节约成本23%以上。具有降低原料成本，增加曲料疏松度，减少成品曲残淀含量，使新配方生产的曲药产品质量达到或超过传统配方曲药，而且能够延长根霉曲保质期的优点。江津酒厂也将根霉曲原料的配方用玉米芯代替麦麸进行了实验，也取得了很好的效果。

（3）使用酒精活性干酵母通过复水活化后，直接扩大培养为配制根霉曲所需的固体干酵母，改进了传统三级扩大培养固体干酵母繁琐的工艺操作，缩短了培养时间，减少了杂菌污染。

（4）一些科研单位及酒厂曾在根霉酒曲中添加产酯酵母，以提高小曲酒中脂的含量，但添加产酯酵母必须注意以下几个问题：

① 产酯酵母只有在氧气存在的条件下才能生物催化合成酯类，不是一般认为的醇与有机酸的化学反应（酯化反应），故用产酯酵母酿酒时，其产酯作用主要发生在培养菌箱中而不是在发酵窖池中。

② 在酒曲中添加产酯酵母的量要控制好，不能过多；过多往往会使酒中酯类过多，香气不协调。同时，产酯酵母在箱中大量繁殖，消耗了粮食，影响出酒率。

③ 产酯酵母的菌种要选好，可采用单株，也可采用多株。如采用不当，反会画蛇添足，如过去有的酒厂采用某单一菌种，酿出的酒有一股浓烈的香蕉水味，难以入口。

第四节　根霉曲标准

小曲酒的曲药经历了米曲、糠曲、纯种根霉（麸皮曲）阶段，如今重庆所有的小曲白酒所采用的曲药均为根霉曲，所以对曲药的标准和检验只列出一种，以前的米曲、糠曲当时局限于检测手段，均是以外观和试饭为主，如今的标准中辅以理化检测和微生物检测，使对曲药质量的检验和控制更加完善。以下为企业标准范本。

一、标准的主题内容与适用范围

本标准规定了根霉曲的技术内容、试验方法、检验规则和包装、运输、贮存。

本标准适用于以麸皮为原料生产的成品根霉曲。

二、引用标准（略）

三、质量标准

（一）感官指标

1. 外观

外观呈颗粒状或粉末状，颜色呈近似麦麸的浅褐色，色泽均匀一致、无杂色，具有根霉曲特有的曲香、无霉杂味。

2. 试饭

饭面菌丝均匀、无杂霉斑点、饭粒松软、汁液清亮、口感酸甜适宜、无异味，具有醪糟特有的香甜味。

（二）镜检指标

（1）根霉形态　菌丝多而粗壮、厚膜孢子收缩较好，呈褐色，色泽金黄或淡黄。

（2）酵母形态　菌体健壮均匀。

（3）酵母细胞数　$8 \times 10^7 \sim 1.2 \times 10^8$ 个/克。

（三）理化指标

根霉曲检验理化指标如表2-2-1所示。

表2-2-1　　　　　　　　　　根霉曲理化指标

项目	指标
水分/%	≤11
试饭糖分/（g/100g，以葡萄糖计）	≥25

续表

项目	指标
试饭酸度/（mL/g，以消耗0.1mol/L NaOH计）	≤0.40
糖化发酵率/%	≥70

四、试验方法

本试验用水是指蒸馏用水，所用试剂均为分析纯。

（一）取样

取样由专人负责，样品要有代表性，采用随机抽样法则，其数量按需要而定。

（二）感官检验

1. 外观检验

目测色泽，鼻闻气味。

2. 试饭检验

试饭制备：取普通大米适量，用水淘洗干净。装入容器中，加水使水和大米的总量为米重的2.2倍，进行蒸饭。蒸饭时间应以饭粒熟而不烂为准，蒸好的米饭应为米重的2.2倍。如不足2.2倍，可趁热加冷开水补足。将米饭在消过毒的容器中打散，然后装入灭过菌的培养器中，凉至35℃左右，按0.3%的比例下曲，拌匀压平，放入30℃保温箱中培养24h，进行酵母形态镜检。

（三）镜检分析

1. 根霉形态

取少量样品于载玻片上，加碘液一滴使样品浸湿，用滤纸吸去多余碘液，在100倍显微镜下观察。

2. 酵母形态及计数

取研细样品1g，加水100mL，次甲基蓝液1~2滴，搅拌均匀，浸泡0.5h后，每15min搅拌一次，于血球计上在600倍显微镜下观察酵母形态并计量酵母细胞数，每次数5个大区（即80个小格）的酵母数。

计算：

$$每克样品酵母数 = 5个大区酵母细胞数 \times 500万 \qquad (2-1)$$

（四）理化分析

1．水分测定

（1）将直径47cm的称量瓶洗净，放入105～110℃干燥箱中烘3h取出，再放入干燥器中冷却0.5h，准确称量。

（2）取2～10g曲样，放入称量瓶中，准确称量（准确0.001g），置入105～110℃干燥箱中3h取出，放入干燥器中冷却0.5h，再取出称量。

（3）计算

$$水分含量（\%）= \frac{m-m_1}{m-m_0} \times 100 \qquad （2-2）$$

式中　m——烘前试样与称量瓶总质量，g；

m_1——烘后试样与称量瓶总质量，g；

m_0——称量瓶净重，g。

2．试饭糖分

（1）取试饭制备的米饭10g，放入50mL三角瓶，常压灭菌1h，放入冷却水中冷却后待用。

（2）糖液制备　加10mL蒸馏水到上述三角瓶中，置沸水浴15min，倒入300mL烧杯中，用140mL蒸馏水洗三角瓶，一并倒入烧杯中，煮沸15min，浸出所有的糖，用脱脂棉过滤后用蒸馏水洗残渣，定容至250mL，供定糖和定酸用。

（3）定糖　取斐林试液甲、乙液各5mL和制备试液5mL，放入250mL三角瓶中，加蒸馏水20mL，置于石棉铁丝网上，用电炉加热，使其在2～3min内沸腾，然后用滴定管逐滴滴入0.25%葡萄糖液，滴定时应保持试液沸腾，待蓝色即将消失，呈现鲜红时为终点，以上滴定过程在3min内完成。

不加试液按同法滴定10mL甲、乙斐林试液做空白试验。

（4）计算

$$还原糖含量（g/100g，以葡萄糖计）= \frac{（V_0-V_1）\times 2.5 \times 250}{1000 \times 10 \times 5} \times 100 = 1.25（V_0-V_1）$$

$$（2-3）$$

式中　V_0——空白滴定消耗0.25g/100mL葡萄糖液体积，mL；

V_1——试液滴定消耗0.25g/100mL葡萄糖液体积，mL；

2.5——葡萄糖液浓度，2.5mg/mL；

10——糖化饭质量，g；

250——糖液稀释体积，mL；

1000——毫克换算为克；

5——定糖时所取稀释液体积，mL。

3．试饭酸度

试饭酸度表示方法：中和每克糖化饭所消耗0.1mol/L NaOH毫升数。

（1）测定 用移液管吸取上述稀释糖液25mL（相当于1g糖化饭），注入盛有30mL中性水的三角瓶中，加酚酞指示剂2滴，用0.1mol/L NaOH溶液滴定至微红色，保持30s不褪色为终点。

（2）计算

$$酸度（mL/g，以消耗0.1mol/L NaOH计）= \frac{c（NaOH）\times V \times 250}{25 \times 10 \times 0.1} \qquad (2-4)$$
$$= 10c（NaOH）\times V$$

式中 c（NaOH）——使用NaOH溶液的浓度，mol/L；

V——消耗NaOH溶液体积，mL；

250——糖液稀释体积，mL；

25——取稀释糖液体积，mL；

10——糖化饭质量，g；

0.1——标准NaOH溶液的浓度，mol/L。

4．糖化发酵率

（1）称取大米照试饭方法蒸煮，用300mL三角瓶装饭120g（等于30g大米），塞上棉塞，用牛皮纸包瓶口，常压灭菌1h，趁热将米饭拨散，冷却至35℃，接种0.3%的待试样曲，置于30℃保温箱培养24h，加无菌水100mL，瓶口改用塑料薄膜包住，每天称重一次，至发酵基本停止（7~9d），总检质量应高于10g，用500mL蒸馏器蒸馏。

（2）蒸酒时，将发酵醪倒入蒸馏器时，用100mL自来水洗净三角瓶，洗液并入发酵醪中一起蒸馏，接蒸馏液100mL，测量温度及酒度，查表校正为20℃的酒度（应高于11℃）；另用盐酸水解测定大米淀粉量（72%~73%）。

（3）计算

$$糖化发酵率（\%）= \frac{\dfrac{\varphi}{100} \times 100 \times 0.79}{30 \times \dfrac{A}{100} \times 0.568} = \frac{C}{A} \times 4.636 \qquad （2-5）$$

式中　φ——酒度，%vol（体积分数）；

0.79——乙醇的密度，g/mL；

30——大米的质量，g；

A——大米淀粉含量，%；

0.598——理论上淀粉产生乙醇的换算数。

第三章

重庆小曲白酒生产操作工艺

第一节　高粱小曲白酒操作工艺

一、工艺流程

高粱小曲白酒生产工艺流程如下：

```
                                      下曲
                                       │
                                       ▼
高粱→泡粮→初蒸→闷水→复蒸→出甑→摊晾→收箱→培菌→出箱→配糟
                                                              │
                                                              ▼
        散白酒←蒸馏←出窖←发酵←入窖
                 │
                 ▼
               酒糟
```

二、操作要点

（一）泡粮

1. 采用双水泡粮，去掉粮粒表面的异杂味，有利于提高产品质量

杂交饭（粳）高粱小曲白酒生产与本地糯高粱相比，其产品口感质量差距较大，除高粱淀粉结构以及单宁等物质含量不同外，粮食表面的污染对产品口感质量的影响也比较严重。本地糯高粱生产，由于农民土地面积少，户均产量较小，收割时气温高，晾晒方法不同，一般几天就可以入库，不易对粮粒造成污染。而杂交饭高粱均从东北等地购进，在晾晒、贮存、运输过程中容易对粮粒表面造成污染，我们进行过试验，对外地购进的高粱通过处理后进行感官鉴别，发现有泥土腥味、牲畜粪便味、新麻袋和运输过程中造成污染的油味等。双水泡粮的目的是去除这些异杂味。其方法是：将高粱放入泡缸内，用40℃以上的热水浸泡1~2h后，充分搅拌，放去泡水，这是第一次泡粮。第二次泡粮按常规泡粮方法不变。

2. 泡粮要求

粮粒吸水均匀、水分含量达到43%~45%，要达到这一要求，必须做到

以下三个方面。

（1）水温要高、水量要足　第二次泡粮的泡水温度要达到90℃左右，粮食搅拌后粮面温度要达到73℃以上。

（2）保温泡粮　无论是冬季还是夏季，泡缸都要加盖。在冬季，泡缸周围还应保温，缩小泡缸周围和泡缸中心粮粒吸水的差距，根据试验，加强泡缸保温可缩小泡缸边沿和中心的吸水量4%左右。

（3）泡后应干发一段时间　在加强保温泡粮的情况下，泡缸周围和上下等部位粮食的吸水量都有一定的差距，干发的目的是使粮食的水分进一步达到均匀。干发的时间以3h为宜，即放去泡水3h后捞粮入甑。

（二）蒸粮

蒸粮的目的是使粮粒进一步吸收水分，受热膨胀，达到粮食糊化、淀粉碎裂率高的目的。熟粮的感官标准要达到"柔熟、皮薄、阳水轻、全甑均匀、翻花少"，熟粮水分适当，镜检淀粉碎裂率达到85%左右。

1．初蒸

初蒸主要是粮粒受热的一个过程，它并不能使淀粉碎裂。所以，初蒸时间的长短对熟粮质量有很大的关系，时间短了达不到粮粒受热的程度；时间长了粮粒皮厚，翻花多，粮食糊化差，淀粉碎裂率低。根据多年实践，初蒸时间控制在20～30min为宜。高粱的直链淀粉含量高，初蒸时间应长些，但最长不超过30min。而重庆的纯糯高粱只需15min即可。

2．掌握好熟粮水分

熟粮水分的掌握与闷水时间有直接关系，掌握闷水时间是整个生产过程中比较重要的一个环节，多几分钟或少几分钟对出酒率都有很大的影响。在闷水时感官检查粮食，只要有80%以上的粮粒无硬心即可放去闷水，闷水时间要根据粮食的品种而定，直链淀粉含量越高闷水时间越长，如重庆的纯糯高粱闷水时间只需5min，而东北的饭高粱闷水时间可长达30min以上。熟粮水分掌握在61%～62%为宜。

3．掌握好闷水温度

闷水使粮粒进一步吸收大量的水分，利用蒸粮的高温和闷水温度的结合形成的一定温差，淀粉粒遇冷收缩形成的挤压力量使淀粉细胞破裂而达到粮食糊化的目的。所以，闷水温度的高低在蒸粮过程中非常重要，闷水温度应掌握在40～50℃为宜。低于40℃熟粮皮厚，高于50℃熟粮翻花多。

4．复蒸时间的掌握

复蒸的目的是使粮食达到糊化，必须加大火力，从满圆气算起加盖蒸，蒸足1h后敞蒸20min，主要是冲干阳水，防止生酸，这样有利于微生物的生长，有利于产品的口感质量。

（三）培菌

小曲白酒生产培菌（以前称糖化）的目的主要是使根霉菌和酵母菌在熟粮上发育生长繁殖，增殖足够的量，为淀粉变糖、糖变酒提供必要的和足够的酶量。在小曲白酒生产中，曲药是起微生物菌种的糖化发酵作用，所以曲药用量要适当。做箱培菌是以熟粮为培养基，根霉和酵母在培养基上接种生长，目的是为变糖变酒获取一定的酶量，它不是变糖的一个主要过程，其所变糖分是为了微生物生长的需要，所以，培菌箱的老嫩要适当。既然培菌工序是培养微生物增殖的一个过程，要培好菌，控制培菌温度和掌握出箱原糖是十分重要的。

1．曲药用量

小曲白酒生产多年来就采用了纯种根霉小曲作糖化发酵剂，对减少曲药的用量我们做了大量的试验，如投料350kg高粱，用曲量减少到0.25kg，生产一个月对出酒率无任何影响，当然，在试验过程中，操作必然非常细致，经过多年的推广使用实践，曲药用量控制在投料量的0.2%最为适当。

2．曲药中酵母细胞的含量

由于发酵的快慢与酵母的多少有直接关系，我们也做过减少曲药中酵母细胞含量的试验，少到采用纯根霉曲（曲药中不加酵母）用于生产，试验，结果见表2-3-1。

表2-3-1　　　曲药中不添加酵母试验出酒率对比结果

曲药品种	酵母细胞数/（亿／g）	醅数	出酒率/%
根霉小曲	1.2	52	52.35
根霉曲	无	17	51.49

从表2-3-1可以得出，在曲药中完全不添加酵母，虽然对出酒率有一定的影响，但同样可以达到高产的目的。我们在出箱时取培菌糟镜检，酵母细

胞数仍可达300万～500万个/g，这说明在开放式生产的条件下，从生产过程中网罗环境中的野生酵母也能完成发酵作用，还说明根霉本身也具有一定的发酵作用。根据多年实践的结果，曲药中配制的酵母细胞含量按冷热季节确定，分别控制在0.8亿个/g和1.2亿个/g对生产有利，出箱时培菌糟酵母细胞含量控制在1000万个/g以内为宜。

3. 培菌箱的老嫩

传统的小曲白酒生产，箱的老嫩凭工人的经验掌握，如达味箱、转甜箱、泡子箱、点子箱、线子箱等，按季节不同来确定放什么箱。箱老变糖多，淀粉无形损失大，箱老酵母多，发酵快，影响出酒率。这种感官检验培菌箱老嫩的方法与粮食质量、水分含量关系极大，工人们对箱的老嫩往往不易掌握，后来采用外地饭高粱生产就不能用这些感官术语来表示了，只凭口感品尝更难掌握。四川小曲酒生产操作中提到嫩箱这一概念，我们曾做过嫩箱可以嫩到何种程度的试验，将出箱还原糖降低到0.8%，这时感官检查培菌糟只有一点香甜味，同样可以高产。后来经多年的检测摸索出，按季节控制培菌箱老嫩的最佳数据为，夏季：出箱还原糖含量为1.5%～2.5%，春秋季：出箱还原糖含量为2.5%～3.5%，冬季：出箱还原糖含量为3.5%～4.5%。

4. 灵活运用糟子盖箱，严格控制出箱温度

传统的生产方法是用草垫来进行保温，用草垫的增减来控制培菌箱温度，这样容易造成生产场地不洁，杂菌繁殖影响产量，对温度的控制不易掌握。采用糟子盖箱十分灵活，可随时利用糟子的温度和厚薄来进行覆盖，能达到全箱温度均匀的目的，出箱温度控制在32℃左右最为适当，这一温度是酵母菌生长的旺盛期，这时出箱酵母细胞健壮，对发酵有利，要尽力控制达到这一温度，最高也不能超过35℃。

（四）发酵

1. 重庆小曲白酒的发酵设备及发酵时间

重庆小曲白酒传统的发酵设备是木制发酵桶（称为醅桶），为了便于操作，发酵桶一般高出地面约90cm，用黄泥做底，在两个发酵桶的连接处设置一个地下黄水坑，两个发酵桶的黄水都能流到一个黄水坑内。发酵成熟后，使桶内黄水自流到黄水坑。密封发酵桶的材料也是用黄泥。在20世纪70年代，主要从节约木材出发，将木制发酵桶改为石材制发酵桶，后来有的地

方又用水泥做发酵桶、地下发酵池等。

传统的小曲白酒，在口感方面存在苦、涩和难以去掉的异杂味这一缺陷，不知是否与发酵设备和发酵期长短有一定关系。20世纪90年代初，江津酒厂周天银等人为了弄清这一问题，提高产品质量，采用瓷砖、陶砖、石材等多种材料做发酵桶（池）内衬，确定5～20d不等的发酵期进行发酵对比试验。通过系统的研究，结果证明：在5d发酵期的时候，石材做发酵池白酒口感质量最好，出酒率最高。随着发酵周期的延长，各种酸、酯等微量物质逐渐递增（石材发酵池均为最高），但上升的幅度很小。经检测、品尝鉴定，随着发酵周期的延长，白酒异杂味逐渐加重，发酵7d以后，有微量的丁酸乙酯以及己酸乙酯等物质的出现，发酵期长，酒中正丙醇增多；同时出酒率逐渐下降。所以，小曲白酒生产选择石材发酵池对质量最好。也充分验证了5d发酵是较为合理的。后经改进，又将黄水坑设置在桶（池）底、封窖材料也改黄泥为塑料薄膜，发酵糟避免与泥的接触，对提高产品的口感质量有很大的帮助。

2. 重庆小曲白酒发酵过程的物质变化机制

重庆小曲白酒酿造属于并行复式发酵，并行复式发酵是指淀粉质原料，在微生物作用下，糖化和发酵同时进行。小曲白酒这一酒种工艺比较独特，有一个做箱培菌的工序，在这一工序中，是将经加热糊化的淀粉原料，接种根霉菌和酵母菌进行扩大培养，使其获取淀粉在变糖变酒过程中所需的酶量。在发酵中，由根霉和曲霉中的糖化酶将淀粉分解成葡萄糖，同时由酵母产生的酒化酶将葡萄糖转化成酒精和二氧化碳及其他物质，如酸类、酯类、醇类、醛类、芳香族化合物等。现简要介绍淀粉变糖、糖变酒精的变化过程。

（1）淀粉变糖的过程　重庆小曲白酒多以高粱及粮谷为酿酒原料，各种粮食淀粉都是由直链淀粉和支链淀粉组成的，一般常用的高粱、玉米、大麦、小麦、大米等原料大部分均含支链淀粉，因此，有利于蒸煮糊化。直链淀粉是由几十到几百个淀粉分子（即葡萄糖基）组成，连接方式是以1，4-葡萄糖苷键之间的氧桥连接着，组成卷曲的螺旋长链。支链淀粉是由几百到上千个淀粉分子组成，连接方式是由多个较短的1，4-糖苷键结合而成若干分支，分支处的连接为1，6-糖苷键（即一个较短的分支链端葡萄糖分子的第1碳原子的—OH与邻近另一链中的葡萄糖第6碳原子上的—OH结合），淀粉分子连接形式如树枝状。

淀粉变糖的过程，是根霉和曲霉中的淀粉酶的作用过程，其作用方式如下：

① α-淀粉酶：属于液化型淀粉酶，一般称α-1，4-糊精酶。将长链淀粉任意不规则地分解成短链糊精（即使淀粉断裂为相对分子质量小的糊精），使淀粉溶液的黏度很快下降。作用于支链淀粉时，不能水解分支点的1，6-糖苷键，但能越过分支点继续水解糊精。

② β-淀粉酶：属于糖化型淀粉酶，一般也称为淀粉-1，4-麦芽糖苷酶，将短链糊精分解成双键麦芽糖和少量的葡萄糖。只能水解α-1，4-葡萄糖苷键，不能水解α-1，6-葡萄糖苷键，作用是从淀粉链非还原性的一端开始，依次切下一个麦芽糖分子。当作用于直链淀粉时，可将其全部水解为麦芽糖；当作用于支链淀粉时，也是从各分支的非还原性一端开始，依次切下两个麦芽糖，但切到α-1，6-糖苷键的分支处，就停止不前，无法超越过去了，其残留物称核心糊精（或称界限糊精）。

③ 淀粉-1，4-葡萄糖苷酶（也称葡萄糖淀粉酶）：属糖化型淀粉酶，根霉里大量存在此酶，它的作用是从淀粉非还原性一端开始，依次一个一个地切下葡萄糖分子，分解的最终产物是葡萄糖。据有关资料介绍，淀粉-1，4-葡萄糖苷酶不仅可以水解α-1，4-糖苷键，也可水解α-1，6-糖苷键，但水解速度很慢。

④ 淀粉-1，6-葡萄糖苷酶（也称界限糊精酶）：它专门作用于支链淀粉分支点的α-1，6-糖苷键，最终产物是葡萄糖。除此之外，还有一种称为麦芽糖酶，它的作用是将双链的麦芽糖分解为葡萄糖。

在淀粉变糖的过程中，就是这几种酶参与催化作用，而又分工完成的。

淀粉酶中还有一种无益酶，称为转移葡萄糖苷酶，能将麦芽糖和葡萄糖转化成不发酵的潘糖，在发酵过程中，如遇糖量过剩，酵母未能及时作用，也容易发生这种情况，造成无形损失，减少产酒量。

各种淀粉酶在变糖作用的过程中，还必须配合以适宜的温度、水分和pH。根据酒种的不同，控制的条件也有差异，在小曲白酒生产中，以温度30~35℃，水分57%~60%，pH 5.5~6.5较为适宜。温度过高，酶活力会钝化，甚至受到破坏，温度过低，作用又十分缓慢；pH过高过低，同样对酶活力有影响。所以在生产工艺中，要注意这些条件的配合。

（2）葡萄糖变酒精的变化过程　葡萄糖变成酒精起主要作用的是酵母细胞中的酒化酶。酒化酶不是单一的酶，而是多种酶的复合体。酵母菌由酒化酶作用于葡萄糖发酵成酒精和二氧化碳，这是一个无氧发酵过程。这一过程包括葡萄糖酵解（简称EMP途径或EM途径）和丙酮酸的无氧降解两大生化反应过程，但通常将它们总称为葡萄糖酵解。整个过程分为4个阶段、12个步骤。

第一阶段：葡萄糖磷酸化，生成活泼的1，6-二磷酸果糖。

① 葡萄糖在己糖激酶催化下，由高能磷酸键（ATP）供给磷酸基，转化成6-磷酸葡萄糖，反应需镁离子（Mg^{2+}）激活。

$$葡萄糖 \xrightarrow[\text{己糖激酶：}Mg^{2+}]{ATP \quad\quad ADP} 6\text{-磷酸葡萄糖}$$

② 6-磷酸葡萄糖在磷酸己糖异构酶催化下，转化成6-磷酸果糖。

$$6\text{-磷酸葡萄糖} \underset{}{\overset{\text{磷酸己糖异构酶}}{\rightleftharpoons}} 6\text{-磷酸果糖}$$

③ 6-磷酸果糖在磷酸果糖激酶催化下，由ATP供给磷酸基及能量，进一步生成活泼的1，6-二磷酸果糖，反应仍需Mg^{2+}激活。

$$6\text{-磷酸果糖} \xrightarrow[\text{磷酸果糖激酶：}Mg^{2+}]{ATP \quad\quad ADP} 6\text{-二磷酸果糖}$$

第二阶段：1，6-二磷酸果糖分裂为二分子磷酸丙糖（三碳糖）。

④ 在醛缩酶的催化下，一分子1，6-二磷酸果糖分裂为一分子磷酸二羟丙酮和一分子3-磷酸甘油醛。

$$1，6\text{-二磷酸果糖} \underset{}{\overset{\text{醛缩酶}}{\rightleftharpoons}} 磷酸二羟丙酮 + 3\text{-磷酸甘油醛}$$

⑤ 磷酸二羟丙酮与3-磷酸甘油醛是同分异构体，在磷酸丙糖异构酶催化下，互相转变。

$$磷酸二羟丙酮 \underset{}{\overset{\text{磷酸丙糖异构酶}}{\rightleftharpoons}} 3\text{-磷酸甘油醛}$$

反应平衡时，96%趋向生成磷酸二羟丙酮。

第三阶段：3-磷酸甘油醛经氧化（脱氢）并磷酸化，生成1，3-二磷酸甘油酸，然后将ATP转移给ADP再产生ATP，经磷酸基变位，和分子重排，给出一个ATP之后变成丙酮酸。

⑥ 3-磷酸甘油醛脱氢并磷酸化，生成1，3-二磷酸甘油酸。

$$3\text{-磷酸甘油醛} \xrightleftharpoons{\text{甘油醛脱氢酶}} 1，3\text{-二磷酸甘油酸}$$

生物体通过这一反应，可获得能量。

⑦ 在磷酸甘油酸激酶催化下，1，3-二磷酸甘油酸，将ATP转变为ADP，本身变为3-磷酸甘油酸，反应需Mg^{2+}激活。

$$1，3\text{-二磷酸甘油酸}+\text{ADP} \xrightleftharpoons{\text{甘油酸激酶，}Mg^{2+}} 3\text{-磷酸甘油酸}+\text{ATP}$$

⑧在磷酸甘油酸变位酶催化下，3-磷酸甘油酸与2，3-二磷酸甘油酸互换磷酸基，生成2-磷酸甘油酸。

$$3\text{-磷酸甘油酸}+\text{酶-磷酸} \xrightleftharpoons{\text{甘油酸变位酶}} 2，3\text{-二磷酸甘油酸}+\text{酶}$$
$$\xrightleftharpoons{\text{甘油酸变位酶}} 2\text{-磷酸甘油酸}+\text{酶-磷酸}$$

⑨在烯醇化酶催化下，2-磷酸甘油酸脱水，生成2-磷酸烯醇式丙酮酸，反应需Mg^{2+}激活。

$$2\text{-磷酸甘油酸} \xrightleftharpoons{\text{烯醇化酶，}Mg^{2+}} 2\text{-磷酸烯醇式丙酮酸}+H_2O$$

⑩在丙酮酸激酶催化下，2-磷酸烯醇式丙酮酸失去高能磷酸键，生成烯醇式丙酮酸。

$$2\text{-磷酸烯醇式丙酮酸}+\text{ADP} \xrightleftharpoons{\text{丙酮酸激酶，}Mg^{2+}\text{或}K^+} \text{烯醇式丙酮酸}+\text{ATP}$$

烯醇式丙酮酸极不稳定，不需酶激活即可变为丙酮酸。

以上十步反应，由葡萄糖生成丙酮酸后，在无氧条件下，可生成不同代谢产物，如乙醇、乳酸。有氧时则可彻底氧化成二氧化碳和水。

第四阶段：酒精的生成。

⑪ 酵母体内的酒化酶，在无氧条件下，将丙酮酸继续降解产生乙醇。反应过程如下：

丙酮酸脱羧生成乙醛，在脱羧酶催化下，丙酮酸脱羧生成乙醛，反应需Mg^{2+}激活。

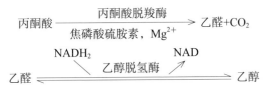

⑫ 乙醛在乙醇脱氢酶及其辅酶（NADH$_2$）催化下，还原成乙醇。

简言之，由1mol葡萄糖生成2mol丙酮酸；丙酮酸先由脱羧酶脱羧生成乙醛，再由乙醇脱氢酶还原成乙醇。总的反应式为：

$$C_6H_{12}O_6 + 2ADP + 2H_3PO_4 \xrightarrow{\text{酒化酶}} 2CH_3CH_2OH + 2CO_2 + 2ATP + 10.6kJ$$

ADP是二磷酸腺苷；ATP是三磷酸腺苷；酒化酶是从葡萄糖到酒精一系列生化反应中各种酶及辅酶的总称，主要包括己糖磷酸化酶、氧化还原酶、烯醇化酶、脱羧酶及磷酸酶等。这些酶均为酵母的胞内酶。

从上式可以算出，100kg葡萄糖在理论上可生成51.1kg酒精。

在实际生产中，理论值与实际产率总有差距。如在发酵过程中，酒精仅是主产物，伴生的副产物很多；菌体繁殖和维持生命，以及生成酶类、各工段的损失和发酵残留的糖分等，都要消耗糖分。在酒的贮存过程中，还会发生很多化学反应或酒精挥发而使酒精含量降低。

在正常条件下，酒醅中的酒精含量随着酒精发酵时间的推移而不断增加。在发酵前期，因酒醅含有一定量的氧，故酵母菌得以大量繁殖，而酒精发酵作用微弱；发酵中期，因酵母菌已达足够数量，酒醅中的空气也基本耗尽，故酒精发酵作用较强，酒醅中的酒精含量快速增长；发酵后期，因酵母菌逐渐衰老或死亡，故酒精发酵已基本停止，酒醅中的酒精含量增长甚微，甚至略有下降。通常小曲白酒出窖蒸馏时酒精含量为6%～7%（体积分数）。

3．发酵操作工艺

发酵工序是淀粉变糖变酒的一个过程，发酵要研究的问题是使淀粉多变酒少损失。小曲酒生产是边糖化边发酵工艺，要做到糖化发酵的速度平衡，也就是说变糖的速度要和变酒的速度一致，还要做到发酵的总速度要平衡，也就是说发酵的快慢要适当，才能使淀粉尽可能地变成酒。要达到这一要求，在发酵过程中，要做好出箱原糖、熟粮水分、团烧温度和配糟等四配合。

（1）出箱原糖　出箱原糖高低即培菌箱的老嫩，在培菌工艺中叙述了出箱原糖的控制标准，在实际操作中受诸多因素的影响，有时是难以达到的，就需在四配合当中来进行调整。如出箱原糖高，是促进发酵的因素，它能加快淀粉变糖的速度，也能加快发酵的总速度。此时，就要降低团烧温度或增加配糟比例或降低配糟温度来适应淀粉变糖、糖变酒和发酵速度平衡的需要。如果出箱原糖低，就是降低发酵速度的因素。此时，就要调高团烧温度或减少配糟比例或调高配糟温度来适应发酵速度平衡的需要。

（2）熟粮水分　熟粮水分在蒸粮工序中叙述了控制的原则，在操作过程中也不易掌握到位，如熟粮水分重，能促进酵母繁殖，加快发酵速度，此时就应该出嫩箱，减少出箱原糖，或降低配糟温度或适当降低团烧温度来适应发酵速度的平衡。如熟粮水分过轻，就应增加出箱原糖，或减少配糟比例，也可利用培菌糟与配糟的温差来适应发酵速度的平衡。

（3）团烧温度　团烧温度决定发酵总速度，小曲酒生产多为5d发酵，要根据发酵时间来确定发酵速度，最好控制在发酵全面完成即开窖蒸酒。衡量发酵的快慢一般用温度和发酵产生的气体即吹口来判断。以5d发酵为例：入窖24h，即头吹，发酵温度上升2℃左右，吹口高度10cm左右。发酵到约40h，温度达到32℃左右，此时发酵最旺盛，吹口高度达到顶峰，随后吹口缓慢下降，温度继续上升。发酵到48h，即二吹，温度达到36℃左右，吹口下降到10cm左右或更低。发酵到72h，即三吹，温度达到37℃左右，即三吹，吹口断吹。发酵至96h，温度下降2℃左右，发酵总升温控制在11～14℃为宜。要达到这一要求，就要严格控制入窖团烧温度，室温在25℃以下时，团烧温度控制在23～25℃为宜。室温高过25℃时，团烧温度应掌握在平室温或略高于室温。

（4）配糟

① 配糟的质量：配糟在发酵中起调节温度、酸度、淀粉浓度的作用。配糟质量的好坏直接影响发酵能否顺利进行，对配糟的质量要求是：酸度不超过1.2度（mmol），水分含量70%左右，色泽红润，疏松不发黏，稻壳含量8%左右。为保证产品质量，要尽量减少稻壳用量。根据实践，稻壳用量可控制在2%以内。

② 配糟的用量：配糟用量的多少直接关系到发酵速度的快慢，配糟用量少，发酵升温迅速，后期生酸多。配糟用量过多，发酵慢，残余淀粉多，

影响出酒率。配糟用量的多少还关系到酒中香味成分的产生,影响产品质量。配糟的用量控制在原料的3.5~4倍对出酒率和产品质量有利。

③ 配糟的温度:配糟的温度要根据室温和团烧温度来掌握,如室温在25℃以下时,配糟温度应低于室温,使配糟与培菌糟形成一定的温差,培菌糟应高于配糟1~2℃才达到团烧温度的要求。如室温高于25℃时,配糟温度应掌握在略高于室温或刚好平室温,但一定不能提前平室温。

(5)"嫩箱""低温""紧桶""快装"的八字操作经验

① 嫩箱:嫩箱是在传统操作的基础上提出来的,以前由于对微生物知识了解不够,培菌箱称为糖化箱,糖化箱越老越好,当时的出箱原糖含量可达到8%以上,之前还要高,淀粉损失大,且发酵时温度难以控制,只有采取老箱凉种子的办法才达到发酵速度的平衡,所以,以前夏天不能烤酒。编者经历和研究嫩箱操作法也是从20世纪70年代中期开始的,总结出嫩箱是小曲酒生产提高出酒率行之有效的方法,嫩箱还能增加酒的回甜感。

② 低温:低温相对而言,也是在传统方法的基础上提出来的,是在适应微生物生长的温度条件下总结出来的,低温的目的是在培菌和发酵过程中尽可能把温度控制在微生物生长的最适温度范围内。如出箱温度控制在32℃左右,入窖团烧温度23~25℃等,这就是能达到这一目的的最佳温度,在传统操作的基础上变化较大。

③ 紧桶:小曲酒生产是采用整粒高粱为原料,混合糟疏松、透气性好,入窖(以前均是地面发酵桶,所以称紧桶)时将混合糟踩紧,尽量达到厌氧的目的,控制酵母在窖内的繁殖,使其顺利地发酵。

④ 快装:快装的目的是尽量减少母糟和培菌糟在凉堂的摊晾时间,减少酵母在摊晾过程中增殖,减少杂菌的繁殖。只要控制好出箱度和配糟温度,就能达到快装的要求。

(6)添加糖化酶发酵可提高出酒率 由于饭高粱直链淀粉多,在蒸煮时不能完全糊化,发酵后酒糟中残余淀粉较多,添加糖化酶发酵可使这部分残淀继续变糖,提高出酒率。如果糖化酶用量和使用方法不当,不但不能提高出酒率,还会影响配糟质量,影响下排生产。具体的使用方法是在入窖前,将糖化酶均匀地撒在培菌糟上,混匀入窖即可。

① 糖化酶用量试验结果见表2-3-2。

表2-3-2　　　　　　　　　糖化酶用量对比试验结果

用量/（IU/g原料）	酢数	出酒率/%	发酵糟感官质量
40	4	51.56	色泽微红，利朗疏松
60	8	53.27	色泽微红，利朗疏松
80	8	53.44	色泽微红，利朗疏松
100	4	52.35	色泽变黑，发黏，不疏松

从表2-3-2可以得出，糖化酶的用量以60~80IU/g原料为宜，少了达不到效果，多了容易烂糟，影响下排配糟质量。

②加糖化酶发酵出酒率对比结果见表2-3-3。

表2-3-3　　　　　　　　　添加糖化酶出酒率对比结果

曲药情况	生产酢数	出酒率/%
根霉小曲	52	52.35
根霉小曲再添加糖化霉发酵	90	53.35

从表2-3-3可以得出，添加糖化酶发酵可提高出酒率1%。后来在十多个酒厂大面积推广应用后，出酒率均可提高1%~2%。

（五）蒸馏

小曲白酒的蒸馏是固态发酵传统的甑桶蒸馏方法，是将固态发酵的酒醅通过加热的方法生成蒸汽经冷却而成液体，将酒精和其伴生的香味成分从固态发酵的酒醅中分离浓缩，得到白酒中所需要的含有众多微量香味成分及酒精分的一种操作方法。用简单的话概括为：蒸馏就是提浓酒度，除杂提香。

1.甑桶蒸馏的特点及作用

在传统的固态小曲白酒生产中，发酵成熟的酒醅用甑桶蒸馏而得白酒。传统蒸馏的甑桶是上口直径约2m，底口直径约1.8m，高约1m的锥台形蒸馏器，用多孔算子相隔下部加热器，上部活动盖与冷却器相接。甑桶是不同于世界上其他蒸馏酒的蒸馏器的独特蒸馏设备，是根据固态发酵酒醅这一特性而设计发明的，自白酒问世以来，一直沿用了这一蒸馏设备。新中国成立后，随着生产量的大幅度增长及技术改造，甑桶由小变大。江津酒厂将蒸馏甑桶变大到了直径为2.5m，材质由木材改为石材或不锈钢。冷却器由天锅改为直管式，提高了冷却效率。但间隙式人工装甑的基本操作要点仍然不变。

甑桶蒸馏可认为是在一个特殊的填料塔中，含有60%水分以及酒精和数量众多的微量香味成分的固态发酵酒醅，通过人工装甑逐渐形成甑内的填料层。在蒸汽不断加热下，使甑内醅料温度不断升高，下层醅料的可挥发组分浓度逐层不断变小，上层醅料的可挥发组分浓度逐层变浓，使含于酒醅中的酒精及香味成分经过汽化、冷凝、液化而达到多组分浓缩、提取的目的。少量难挥发组分也同时带出蒸馏酒中。

甑桶蒸馏的作用主要是：

（1）将含酒精6%左右的发酵酒醅分离浓缩成含酒精55%～65%（体积分数）的高浓度白酒。

（2）将发酵酒醅中存在的微生物代谢副产物，即数量众多的微量香气成分，有效地浓缩提取到成品酒中。

（3）存在于发酵酒醅中的某些微生物代谢产物，在蒸馏过程中进一步起化学反应，产生新的物质，即通常所称的蒸馏热变作用。

（4）对于下排酒醅进行消毒杀菌，用于下排入窖配料。

2. 甑桶蒸馏操作

（1）装甑前的准备 检查底锅水是否清洁，若用煤灶直接烧火加热，则要及时更换底锅水，清除悬浮物，水位应与甑箅保持50～60cm距离。若距离底锅水太近或底锅水溶解有较多的酒醅中的成分，则蒸馏时容易产生泡沫而导致"溢锅"事故。目前大多数厂家都采用蒸汽加热，但最好还是在甑底放一定量的水，使进入底锅的蒸汽加热沸腾。经验证明，这样可避免因蒸汽不纯带来的杂味，并且蒸汽上升也比较均匀，然后辅好甑箅准备装甑。

（2）装甑 先在底锅甑箅上铺一层辅料，打开蒸汽阀门，然后用撮箕、铁锹等装甑工具将发酵糟逐层铺撒入甑内，要旋撒入甑，摊汽上甑，上汽均匀。要撒得准、轻、松、平，使蒸汽上得齐、不压汽、不跑汽。可保持甑边稍高于甑中心部分。甑内醅料由下而上直至装平甑口，蒸汽即将穿烟时，盖好甑盖，安好过汽管，并连接冷凝器，打开冷却水，放置接酒容器。

（3）蒸酒 开始有一股不凝结汽排出，随后流酒，整个蒸馏过程的进汽必须遵循控制缓慢蒸馏的原则，使流酒速度均衡地保持在2.5kg/min左右。酒温要在30℃以下。初馏部分0.5～1kg作为酒头，摘取后单独交酒库存放作勾兑调香用。中流酒也可根据实际情况分段摘取。

3. 甑桶蒸馏的几个技术问题

甑桶间隙蒸馏这一特殊形式，是将发酵成熟的固态酒醅作为被蒸的物料，同时又是浓缩酒精以及香气成分的填料层，蒸馏时加热水蒸气和酒醅不断进行冷热交换，使酒醅中的酒精及香气成分挥发，随着甑内醅料层的逐渐加厚，蒸汽自下而上缓缓上升，挥发性物质的浓度也逐层提高，最后蒸汽经冷却而得到白酒。这种蒸馏方法决定了装甑技术、醅料松散程度、蒸汽量大小及均衡供汽、量质摘酒等蒸馏条件是影响蒸馏得率及质量的关键原因。

① 装甑技术的影响：人们在长期生产实践中总结了装甑操作技术的要点是"松、轻、准、薄、匀、平"六个字。即醅料要疏松，装甑动作要轻巧，撒料要准确，醅料每次撒得要薄层、均匀，甑内蒸汽上升要均匀，酒醅料层由下而上在甑内要保持平面。

由于装甑技术及蒸汽量大小不同，同样的酒醅却可使蒸馏效率相差10%以上，蒸馏效率低的白酒不仅出酒率低，质量也不好，俗称"丰产不丰收"。装甑技术对出酒率和成品酒质量的影响见表2-3-4。

表2-3-4 装甑技术对比结果

操作者	酒醅数量/kg	酒精含量/%	成品酒数量/kg	尾酒		成品酒中各成分含量/（g/L）			
				数量/kg	酒精含量%	总酯	总酸	总醛	挥发酸
A	1125	3.8	55	16	9.2	1.0936	0.3342	0.0419	0.0822
B	1125	3.8	43.6	19	11.4	0.9542	0.3387	0.0444	0.0742

② 慢蒸馏与大汽蒸馏对质量的影响：取同一酒窖出窖的酒醅，按同等条件分成两甑蒸馏。第1甑按正常蒸汽压力蒸馏，流酒速度控制在5.6～8.6kg/min，第2甑按缓火蒸馏，流酒速度按制在2.5～3kg/min。每甑均

接前流部分30kg，结果见表2-3-5。

缓火蒸馏口感甘冽爽口；而大汽蒸馏口感发闷，放香不足。试验证实了缓火蒸馏的重要性。

表2-3-5　　　　　　　缓火蒸馏与大汽蒸馏对比结果　　　　　　单位：g/L

呈味物质	第1甑，大汽蒸馏，流速 5.6~8.6kg/min（5次平均值）	第2甑，缓火蒸馏，流速 2.5~3kg/min（5次平均值）
乙醛	0.275	0.270
甲醇	—	—
乙酸乙酯	0.711	0.765
正丙醇	0.242	0.232
仲丁醇	0.030	0.011
乙缩醛	0.163	0.148
异丁醇	0.367	0.344
正丁醇	—	—
丁酸乙酯	—	—
异戊醇	1.149	0.924
乳酸乙酯	0.177	0.138
正己醇	0.062	0.050
己酸乙酯	—	—

4. 酒花与酒精含量的关系

看花摘酒是白酒蒸馏过程酒师们掌握酒度高低的一种传统技艺，一直沿用至今。在盛酒容器中剧烈摇动白酒时，或在蒸馏过程中用锡制小杯盛接蒸馏液，冲于小杯中时，在酒液表面会形成一层泡沫，俗称酒花。根据酒花的形状、大小、持续时间，可判断酒液酒精含量的高低。

看花量度是基于各种浓度的酒精和水的混合溶液，在一定压力和温度下，其表面张力不同的原理，因此在摇动酒瓶或冲击酒液时，在溶液表面形成的泡沫大小、持留时间也不同，据此便可近似地估计出酒液的酒精的含量。在蒸馏时，看花可分为以下几种。

（1）大清花　肉眼观看，酒花大如黄豆，整齐一致，清亮透明，消失极快，酒精浓度在65%～82%，以76.5%～82%时最为明显，酒气相温度为80～83℃。

（2）小清花　肉眼观看，酒花大如绿豆，清亮透明，消失速度慢于大清花，这时酒精浓度在58%～63%，以58%～59%最为明显。酒气相温度90℃。小清花之后馏分是酒尾部分。至小清花为止的摘酒方法称为过花摘酒。

（3）云花　花大小如米粒，互相重叠（可重叠二三层，厚近1cm）布满液面，停留时间较久，酒精浓度接近46%时最明显。酒气相温度93℃。

（4）二花　二花又称小花，形似云花，大小不一，有的米粒大小，有的大小如小米，存留液面时间与云花相似，此时酒精浓度在10%～20%。

（5）油花　花大如四分之一米粒布满液面，纯属油珠，开始时呈小油珠状（俗称打点），随后连成线、网状直至铺满液面，酒精浓度在4%～5%时最为明显。

从酒花的变化可看出装甑技术的优劣，装甑技术好，上汽均匀，流酒时酒花利落，很好分辨，酒度也高。如装甑技术差，酒花大小混杂，蒸馏过程中酒度降低慢，断花慢，吊尾多。

第二节　玉米小曲白酒操作工艺

玉米比高粱颗粒大、皮厚，淀粉组织紧密，因而玉米小曲白酒操作与高粱相比，不同之处是：在糊化工序上，泡粮时间短，闷水时间长，并采用冷吊隔夜蒸粮来完成糊化；在培菌工序上，培菌时间要适当延长，出箱原糖要适当偏高；在发酵工序上，团烧温度低，发酵时间长。其操作特点如下。

一、玉米小曲白酒操作，糊化是产酒的关键

任何粮食酿酒，糊化不好都会给培菌带来困难，造成酒质差、出酒率低的不良后果。糊化工序的作用，在于淀粉粒碎裂，便于与酶充分接触，并为有益微生物生长繁殖准备适宜的水分条件。玉米粒大、皮厚，淀粉组织紧

密，较高粱难以糊化透彻。因而，搞好糊化特别重要。

泡粮：重点掌握好泡水温度和泡粮时间。其作用在于使玉米均匀地吸收适量水分，为蒸粮打好基础。泡水温度高，粮粒表面淀粉早期糊化，经初蒸提前裂口，造成闷水粮粒降温收缩时挤压力不足，淀粉碎裂率不高和淀粉流失多；泡水温度低，粮粒吸水缓慢，在一定的泡粮时间内粮粒吸水不透心，且难抑制杂菌生长。玉米粒大，吸水后膨胀系数大，为防止初蒸中早期裂口，所以泡粮时间宜短，在干发中达到粮粒吸水透心为好。由于玉米品种的不同，四季生产也有差异。颗粒大，气温低，则泡粮时间应稍长些。为让粮粒吸水均匀，泡粮时应先水后粮，泡水量要充足。

初蒸：掌握的关键是，甑内上汽要均匀，蒸粮时间要准确，初蒸是一个加热粮粒的过程，生粮入甑后，一定要穿烟整齐，才能加盖，务必使粮粒受热一致，为闷水时粮粒降温收缩，产生的挤压力一致，达到淀粉碎裂率高做好准备。由于初蒸时间短，一定要准确掌握蒸粮时间，不可过长或过短。

闷水：掌握的关键是闷水温度和升温速度。闷水的目的，是使粮粒均匀和在适当吸水的条件下，达到粮粒空心泡气，淀粉碎裂率高，由于闷水与甑内温差较大，闷水进入甑内，使粮粒骤然降温收缩，粮粒内部产生一定挤压力，使淀粉结构松弛，便于淀粉碎裂。如闷水温度过高，与甑内温差小，粮粒内部产生挤压力不足，可导致淀粉碎裂率不高，熟粮不泡气，给培菌带来困难；闷水温度低，与甑内温差太大，粮粒内部产生的挤压力过大，玉米吸水膨胀骤然破皮，加之水温低，升温慢，造成玉米翻花，淀粉流失，熟粮粘手，使培菌升温快，"跑皮不杀心"。闷水中，甑内水温80℃以下升温要快，须用猛火；80℃以上，缓火升温。严禁甑内沸腾。

二、低温培菌，适当延长培菌时间

如前所述，玉米粒大、皮厚，培菌过程中菌丝只能通过粮粒的开口处向内穿透，进而使根霉作用于淀粉，较之小颗粒的高粱受曲缓慢，因而玉米培菌时间较高粱长。由于培菌时间长，则需相应控制箱温。入箱温度及保持温度要低一些，使根霉在粮粒上生长不致过快，达到菌丝穿透力强，箱口虽嫩，而原糖较高，糖化力强的效果，以解决玉米在发酵中糖量不足的问题。掌握的要点：撒曲要均匀，摊晾、收箱、保温温度要均匀，并可在入箱刮平箱面后，于箱面撒少许曲药，预防箱面及四周粮粒因温度过低，水分散失较多而受曲缓慢的弊病。用曲量0.3%～0.35%，曲质要好。以入箱保持温度不低于25℃来确定保温温度和保温措施。出箱温度不超过34℃，培菌全期24～26h。

三、低温发酵，延长发酵期

根据气温的高低，熟粮水分含量的高低，培菌箱的老嫩，配糟酸度的高低，恰当掌握入桶（池）团烧温度，使发酵期中糖化和酒化的速度达到平衡，达到提高出酒率的目的。怎样使糖化速度达到较好的平衡呢？这就要把发酵的快慢因素调节好。如熟粮水分含量高，淀粉碎裂率高，原糖多，配糟少，酸度高，团烧温度高等，是发酵速度快的因素。反之，是慢的因素。出箱装桶时，要掌握好这些快慢因素，恰当调整配合。由于玉米颗粒大，难于糖化和发酵，虽注意了出箱原糖量较高粱偏高，但发酵中仍然存在糖量不足的问题。因而，在入桶（池）前，应将培菌糟和配糟的温差拉大，红糟温度远远高于配糟温度，从而加速糖化酶活力，促使糖化满足酒化需要，使糖化与酒化速度平衡，避免因酒化速度太快而降低糖化酶活力。与此同时，还应低温入桶（池），放缓发酵速度，延长发酵时间，使发酵在7～8d完成（夏天发酵时间可缩短到6～7d）。

四、可添加糖化酶发酵

在出箱时，按每克原料添加糖化酶60～80酶活单位于培菌糟上，再与配糟混合入桶（池）发酵，可提高出酒率1%～3%，还可降低玉米酒中杂醇油含量。但是，与不用糖化酶比较，熟粮水分含量应减少1%～2%，出箱原糖含量应减少1%左右，入桶（池）温度低1～2℃方可达到连续高产稳产。

五、操作实例

泡粮：泡桶洗净，先水后粮，玉米入水后搅匀刮平粮面，温度应在74℃左右，浸泡2～4h，冬季适当延长，泡桶要加盖保温。放去泡水后干发至次日蒸粮。在泡粮期间玉米不能露出水面。

初蒸及闷水：将蒸粮设备洗净，以冷凝器桶内热水掺足底锅水，安好甑箦，铺好谷壳，将泡好的玉米用清水冲洗一次，目的是清除杂味物质。分次撮粮入甑，待穿烟刮平粮面后，加盖大火清蒸，从满圆汽开始计时，清蒸18～20min，即用55～60℃热水从甑边进入孔由上而下快速掺入到甑内，水量淹过粮面15～20cm为止，加大火力，使其快速升温。水温升至80℃以上时，用70℃以上的热水从甑面缓缓掺入第二次闷粮水，水量以粮食闷好后仍没过粮面6～10cm为宜。水温80℃以下要快速升温，80℃以上缓慢升温，甑内闷水温度达到97℃以上时要减小火力进行保温，保持甑内不沸腾。闷水时间因玉米品种不同而异，如颗粒大、结构紧密的玉米，闷水时间略长。从掺水到放闷水止，经3～4h，检查粮籽，10粒中有1～2粒白心即可放去闷水。放闷水前，可用锹从甑周轻轻向甑中心掀动粮籽，使粮食在复蒸中糊化均匀。然后将所用谷壳铺盖在甑面，加盖，冷吊到次日复蒸。

复蒸：大火复蒸90～120min出甑。出甑熟粮要求柔熟、收汗、泡气、空心、翻花少。出甑熟粮水分含量66%～67%（夏季水分含量应略低）。

培菌：一般使用Q303、3866、3851、YG5-5根霉小曲作箱培菌较好。熟粮出甑后用通风晾床摊晾冷却，待温度降至40～45℃时，下第一次曲。拌匀后，品温降至35～37℃时，下第二次曲。将曲拌匀，品温降至30～32℃时，立即入箱。要注意温度均匀，刮平箱面，将剩余曲药撒于箱面，用经清蒸的谷壳撒一层在箱面及四周，根据气温情况确定保箱措施及保箱温度。采用糟子盖箱保温，利用当天的鲜酒糟，将温度降至40～50℃时分次均匀地撒盖于箱面及周边，目的是保温保湿。温度应保持在27～30℃。夏季低冬季高。培菌全期为24～26h，最高品温31～34℃。感官检查，单粒粮籽手捏有糊水，软籽，口尝有酸味带甜，化验原糖含量4.5%～5.5%即可出箱。

发酵：配糟比例（1:3.5）～（1:4）倍，出箱前将配糟摊开调匀，降温，冬季控制在18℃左右，夏季控制在平室温，其他季节控制在17～19℃为宜。配糟酸度控制在0.7～1度（mmol）。将培菌糟撒于配糟上，根据出箱温度、气温等情况决定摊晾时间，拌和均匀，随即入桶（池），踩紧密封发酵。2h后检查团烧温度，夏季团烧温度应平当天最低室温，其他季节应掌握在21～23℃。一般发酵24h升温1～2℃，48h升温6～7℃，72h再升温2～3℃，96h再升温1～2℃，122h～144h温度稳定，出桶（池）烤酒前降温1℃左右，发酵7～8d，发酵总升温10～12℃为正常。

　　蒸馏：底锅水恰当，发酵糟装甑要疏松，穿汽要均匀，蒸馏火力要平稳，黄水、酒尾要分开蒸馏。坚持截头去尾，大火追尽酒尾，减少配糟中的酸度，保证下排配糟的质量。

第四章

重庆小曲白酒生产注意事项

第一节　小曲白酒在实际操作中应掌握的关键技术

固态酿酒，采用小曲糖化发酵的方法，是我国特有的民族遗产，也是几千年来酿酒祖先劳动与智慧的结晶，在生产设备极为简单的条件下，能够掌握十分复杂的生物化学变化，使之达到良好的产酒效果，如没有一套长期积累的丰富技术经验，是不可能做到的。因此对这些技术经验进行探讨，对控制实际操作，是有重要意义的。

20世纪50年代中期，全国小曲白酒操作在现重庆的永川试点，总结了糯高粱小曲白酒操作法，其中写到，糯高粱酿酒的主要关键是"闷水蒸粮，柔熟泫清，培菌发酵，定时定温"。实践证明，这四句话不仅是糯高粱酿酒的关键，而且是一切淀粉质原料酿酒的关键。因为原料柔熟，才适合酿酒微生物的作用，泫少才有利于酶的接触。又因为糖化酶和酒化酶的生化作用，均需要有一定的温度和时间，如温度过高，酶的活力会钝化，甚至受到破坏，容易滋长杂菌，温度过低，又不适应酶的作用要求，因而要延长糖化发酵时间，既会打乱工序，又会给杂菌侵袭带来机会，发酵时间过长酒醅产酸过多，影响下排生产。因此温度过高过低，时间过长过短，均对酿酒生产不利，所以定时定温培菌发酵是固态小曲白酒生产获得良好成绩的关键。

除了定时定温培菌发酵之外，"匀、透、适"三个字也是不可忽略的要诀。蒸粮不仅要柔熟，而且要均匀；培菌发酵不仅要温度调匀，而且要糖化发酵透；在温度、酸度、时间、水分等方面，更要掌握"适"。其次还要注意"灵活"二字的应用，如天冷天热，要随着室温变化改变操作时间和注意泡粮、蒸粮、培菌、发酵的水、温、时等条件的配合。厂房的地理条件和箱桶（池）的位置是干燥或潮湿，以及通风、保温情况，这些都要根据具体情况灵活掌握，恰当配合。尤其在每天收箱装桶时，必须根据上酢的糖化和发酵情况来确定当日出箱老嫩和装桶品温，这是所有熟练工人在操作中牢牢掌握的一条重要诀窍。还要看每天的吹口来判断操作，否则就难于做出良好产品。

"三减一嫩，四配合"也是60年代中期总结出的高粱酿酒和玉米酿酒经验，特别是夏季操作稳产、高产的重要经验，这几句话是在原来操作法基础上得出的，"三减"即减少初蒸时间、减少熟粮水分、减少用曲量；"一嫩"就是出偏嫩箱；"四配合"就是指入桶发酵，掌握好团烧温度与熟粮水分、培菌糟原糖（即箱的老嫩）、配糟酸度的适当配合。

"低温、嫩箱、快装、紧桶"是多年来总结的经验，主要强调控制箱温和发酵温度，强调出嫩箱，出箱后迅速入窖减少杂菌污染，紧桶就是根据酵母厌氧发酵的机理，尽快排尽空气，以利发酵正常进行。

培菌箱上的管理，人们也总结了"三勤、二定、二不、三一致"的要求。三勤：勤换箱底谷壳、勤洗箱底、勤检查箱内温度变化；二定：定时、定温；二不：不出急箱、不出老箱；三一致：箱厚薄一致、温度一致、老嫩一致。这样才能使培菌箱达到要求，给入窖发酵创造条件，后来江津酒厂又总结了"严、勤、细、准、适、匀、洁、定、真、钻"十个字在酿酒操作中贯彻执行。

第二节　小曲白酒培菌发酵常见异常情况

一、培菌阶段

花箱：由于粮食粑硬不匀、下曲不匀、温度不匀，造成箱老嫩不一。问题出现后，必须将箱嫩部分装在桶中心，或加适量曲药、温水等，促进糖化发酵，否则要减产。

酸箱：在夏天最易发生，主要是由于工具环境不清洁，或曲药质量低劣，熟粮水分含量过高，收箱温度过高，杂菌侵入起了作用。防止措施：一是严格选用曲药产品，出现霉变受潮不能使用。二是要经常保持工（用）具、环境、箱席、凉堂的卫生。三是热天要选在室温最低的时候，用尽量短的时间摊晾、下曲、收箱等。如发生了酸箱，必须尽快提前出箱，出嫩箱，并用酒尾或淡酒泼洒在培菌糟上或撒少量曲药，入桶将混合糟踩紧，排除空气，这样可抑制杂菌繁殖，从而挽救损失。

冷底箱：箱底层熟粮培菌不好，现冷块块，是箱底潮湿或垫的谷壳过薄，或熟粮入箱温度低所致。防止措施：应勤换箱底谷壳，或每天出箱后，揭开箱席，将谷壳摊成行，使水汽晾干，或另选干燥地方做箱。

烧箱快箱：是由于室温高，收箱品温高，箱太厚，用曲量过多，曲质差、杂菌感染等因素造成，使微生物繁殖速度过快，有异味的就有杂菌感染，要采取酸箱的办法。无异味的，只需立即散热，提前出箱。

二、发酵阶段

升温快，发吹猛：如排出的CO_2气有热尾，有异味，是由于装桶时混合糟过热；如果只升温无气体排出，是混合糟感染了杂菌。属于混合糟过热的原因，洒入适量冷水，下酢注意入窖温度，如在夏季还应适当增加配糟，减少淀粉浓度。属于杂菌感染可用淡酒从桶面泼入立即密封，以抑制杂菌。

升温慢，吹口软：是由于天气太冷，入窖温度低，有的因粮食蒸得不好，培菌箱太嫩，或用曲过少，配糟水分重或酸度过高，抑制了糖化发酵。解决措施：如天气太冷，可用适量沸水从桶口四周泼入提高温度；如酸度过高，下酢适当减少配糟，补以谷壳，蒸馏时长接酒尾，提高配糟质量。对于酸度过高的发酵酒醅，当酢蒸完酒后，放水淹过糟面后，就放去闷水，并加大火力，满圆汽后，敞蒸10min，冲干阳水，出甑作配糟。

发酵快，断吹早：检查气味正常，只温度略高。是混合糟入窖温度高，或用曲过多，箱老等原因使发酵作用提前，会导致后期大量生酸而短产。解决措施：可提前蒸馏，下酢针对问题改进。

黄水多，产酒少：蒸馏时从窖内放出的黄水特别多，但产酒量少，是由于熟粮水分过重，培菌箱过老，配糟热，导致发酵迅速，后期时间长，生酸量大，部分酒变酸损失。解决措施：应分别情况改进，将熟粮水分、装桶温度、培菌糟老嫩掌握适当。如检查发酵糟酸度过重，仍然可以用闷水办法排酸。

第三节　正常的培菌、发酵与蒸馏

一、正常的培菌

培菌的目的在于使用少量的曲种，通过一定基质一定时间的培养，扩大繁殖酿酒所需的根霉酵母，以利糖化发酵。小曲酒的工艺特点不同于任何酒类发酵的差异就在于此。液态酒是单独直接加糖化酶糖化，固态发酵酒的其他工艺如大曲酒是加大曲（本身含有一定量的糖化酶活力）直接入窖后糖化，不需培养菌，所以用曲量大；麸曲也是直接利用其糖化力进行堆积或不堆积糖化，而小曲酒是做箱，边培养边糖化，后期产糖靠的是培菌箱中培养出来的根霉产生的糖化力进行。所以用曲量只是0.2%或0.3%，而浓香型大曲酒曲药用量比小曲酒多100多倍。

正常的培菌无论是什么粮食作原料，首先要掌握好熟粮水分和温度，注意工具清洁，适时均匀下曲，适时均匀收箱，入箱后的品温不能低于25℃，也不能超过35℃，通过盖箱使箱温前期10h内稳定不下降，以后微生物繁殖温度会自己保持或缓慢上升，培养好的箱底面，四边都糖化均匀，香甜味正，清糊绒籽，手挤有糖化液流出，闻起有醪糟甜味。反之如温度上升迅猛，菌种繁殖不均匀，不绒籽，现怪味，现花箱都属不正常培菌。

二、正常的发酵

在发酵阶段，微生物转化过程十分复杂，需要有适宜的温度、酸度、水分和淀粉含量（配糟比）相配合。实践证明，装桶温度高，熟粮水分含量高，培菌糟原糖多，是加速发酵的因素。酸度高、原糖含量少、水分含量低是抑制或延缓发酵的因素。一般正常的发酵要求，团烧温度在22～24℃，出箱原糖含量2.5%～3.5%，配糟酸度1.1度（mmol）左右，入窖混合糟淀粉含量12%～14%，是装桶发酵配合恰当的范围，发酵过程中品温上升前缓、中挺、后期缓降，排出CO_2气绵实有力，前期带醇甜，后期有酒香，说明是正常发酵。

三、正常的蒸馏

蒸馏的目的是要把发酵好的酒从发酵糟中分离出来，并且要尽量减少挥发损失和保证酒的质量。第一，要注意搞好甑锅和冷凝器的清洁，防止异味、异气带入酒内；第二，酒糟装甑要低倒匀铺，使上汽均匀；第三，气压要平稳，蒸馏到出现花时，要注意保持气压平稳，以免过早断花，将要断花时也不能加压，否则会影响火力，导致绵尾，应在断花后，才加大气压追酒尾，接酒时要坚持截头去尾，绒布过滤，还要注意控制流酒温度，使其低于室温，接近水温。

第四节　白酒异常气味物质形成的原因

一、异常臭气的形成

（一）原辅料

各种优质原辅料本身以及经蒸馏后形成的特殊成分，能赋予白酒不同的香气，这属正常现象，但若原辅料发霉，或辅料未经清蒸即使用，则会给成品酒带来霉气或辅料臭气；采用未经脱胚芽的玉米和小黄米糠等原辅料时，会带给成品酒因脂肪氧化而产生的哈喇味或脂肪本身的油腥气；使用蛋白质含量过高的原料，会生成大量的杂醇油及硫化物，使成品酒产生特殊的臭气。

（二）用具

工（用）具不洁容易使成品酒污染，如使用橡皮管输酒或瓶盖中用橡胶垫等均会产生不良臭气。

（三）工艺操作

如不重视卫生、配料或品温控制不当而污染大量的生酸菌、产硫化物等杂菌，则会产生丙烯醛、巴豆醛、硫醇、硫化氢等腐败臭；以大火大汽蒸馏酒，使酒醅中的含硫氨基酸在其他有机酸的影响下产生硫化氢等含硫的挥发性气体而带入酒中，出现类似臭鸡蛋味的臭气；大火大汽蒸酒，也会将部分高沸点的成分蒸入酒中而增加特殊臭气；流酒温度过低，使具有强烈刺激性的低沸点挥发物逸散不充分；蒸酒时酒醅中夹有泥块等不洁物也会带给成品酒泥臭等异常气味。

二、异常酒味的形成

白酒要求甜、酸、苦、辣、涩等诸味协调，不能显露其中之一，酒中的不良呈味成分，则不允许存在。

（一）苦味及涩味

白酒中的苦、涩味往往同时存在。其形成的原因较复杂，与原料、曲药、酵母菌、工艺条件、污染杂菌等多种因素有关。

1. 原料

使用单宁及其衍生物过多的原料，会生成某些呈苦涩味的酚类化合物。使用蛋白质含量过高的原料，则生成多量的杂醇油。如亮氨酸生成异戊醇；缬氨酸生成异丁醇；异亮氨酸生成活性戊醇；苏氨酸生成正丙醇和仲丁醇、壬醇等，在白酒中含量达到一定值时，均会呈现苦味或苦涩味。其中正丙醇苦味较重，异丁醇苦味极重。

2. 曲药

若曲药贮存时间过长，用曲量过大、曲药过老，则因曲中孢子含量太高并能使酪氨酸变为较多的酪醇而使酒带苦味。小曲白酒培菌箱过老，酵母繁殖过多，也会产生同样的苦味。若曲药受潮，滋长青霉菌或糟醅污染青霉菌，也会使白酒后味苦涩。

3. 酵母菌

若使用产杂醇油多的酵母，则会使酒显露苦味。酒中的这些苦味成分，大多是酵母菌的代谢产物。一般质量差的酒，正丙醇及异丁醇含量均较高。

4. 工艺条件

若发酵时生成的糠醛过多，则酒呈焦苦味。若发酵时污染杂菌而生成一定量的丙烯醛，则不但刺眼和有辣味，还有持久的苦味。白酒的苦涩味还与发酵温度及酒的贮存期有关。通常以冬天培菌箱温度低、箱嫩、出箱原糖含量低、发酵升温缓慢，而使成品酒较甜；夏天相反。若贮存时间太短，也呈明显的苦涩味。

由于苦味成分的阈值很低，故味蕾对其特别敏感，且持续时间也较长，会给人以难忘的不悦感。

（二）不良酸味

曲药用量过大，酵母过多，发酵期过长，品温过高，糟醅中水分或淀粉含量过多，以及生酸菌大量繁殖，均可使酒醅的酸度较高。但白酒中的有机酸有挥发和非挥发性的，这些酸大多集中在后馏分中，且被蒸出的非挥发性酸只是酒醅中总量的一部分。故只要在蒸馏时注意合理地掐酒尾，往往酸度较高的酒醅，蒸出来的酒未必显露酸味。但若使用变质的原料，泡粮水温低、蒸粮火力小、熟粮阳水重、培菌箱出现馊味，致使发酵酒醅呈一般酸度，则在蒸馏时会带入酒中。

（三）辣味

呈辣味的成分有杂醇油、糠醛、乙醛、硫醇及丙烯醛等。若用糠量过大且不清蒸，则会使多缩戊糖在高温下生成较多的糠醛。酒醅发酵温度高，生长大量杂菌，如异型乳酸菌作用于甘油会生成丙烯醛。酒醅入池后品温猛升骤降，发酵期不适当地延长，致使酵母早衰，可生成较多乙醛。蒸馏时接酒温度过低及未经贮存的新酒，均呈燥辣味。

（四）油味

使用含脂肪较多的原辅料，小曲白酒用大米、小麦等作原料均会有不同程度的油味。在蒸馏时摘取酒尾时间太长，会使成品酒带油味。

（五）其他邪杂味

水质不良，例如加浆用水有咸味等均会使成品酒呈不良气味。原料中杂物多，会使酒呈特异味、土腥味，如以前使用新的锡制冷凝器，会使酒色发黄且有异味；使用新木甑蒸的酒带木味；使用新的贮酒容器，如材质不同、涂层不同会使酒呈特殊的异杂味。故各种新容器和设备在使用前应采取适当的办法进行处理。蒸馏时装甑不匀或摘酒不当，会使酒呈尾子酒味。

第五章

重庆小曲白酒主要微量成分及风格的形成

第一节 重庆小曲白酒微量成分分析

一、重庆地区小曲白酒与米香型、清香型白酒对比检测情况

这三种类型白酒对比检测结果如表2-5-1所示。

二、各微量成分在小曲白酒中的含量及其与风格特点的关系

（一）酸类分析

表2-5-1中的数据结果说明：小曲白酒含酸分布与其他类型白酒有显著的不同，发酵期虽短，但含酸总量一般在0.5～0.8g/L，高者能达1.0g/L；各类酸的含量比较高，除乙酸、乳酸外，有丙酸、异丁酸、丁酸、戊酸、异戊酸、己酸等，有的还有少量庚酸，其构成可与大曲酒相比，与麸曲清香相似，但含量比较高；米香型酒则酸类少，乳酸高，估计丙酸、戊酸、庚酸的产生可能与菌种和酵母有关，丁酸、己酸与建窖材质和窖泥有关；小曲白酒具有较多的低碳酸，特别是丙酸和戊酸含量较多，是区别其他酒种的重要特点，也是构成该酒香味特色的重要因素。

（二）高级醇的分析

小曲白酒中主要的几种高级醇都有，且含量高，尤其是异戊醇含量在1～1.3g/L，正丙醇和异丁醇在0.28～0.5g/L，高级醇总量在2g/L左右，与米香型和大曲、麸曲清香酒相比，还含有较多的仲丁醇和正丁醇，小曲白酒中的高级醇含量除比大曲清香、麸曲清香等含量高外，比米香型酒也略高些，说明高级醇一方面是构成小曲白酒风味的主要成分，另一方面如失去控制，对优美风格也会产生不利影响。

（三）酯类的分析

小曲白酒中酯含量一般在0.5～1.0g/L，主要为乙酸乙酯和乳酸乙酯。特别是乳酸乙酯含量较低，这点与米香型白酒有显著不同，但与麸曲清香型酒

表2-5-1　　　　　　主要清香类型酒种毛细管检测结果

单位: mg/100mL

序号	微量成分	60%vol 江津白酒	60%vol 永川高粱酒	62.3%vol 普通散酒	53%vol 桂林三花酒	53%vol 特制老白汾酒	54%vol 宝丰酒	56%vol 红星二锅头酒	55%vol 哈尔滨老白干酒	57%~59%vol 金门特级高粱酒
1	乙醛	19.90	12.04	19.90	5.31	14.64	14.75	26.46	19.91	11.31
2	正丙醛	0.11	0.54	0.11	—	0.16	0.30	0.55	0.17	0.16
3	异丁醛	0.28	0.12	0.28	0.09	0.16	0.22	0.48	0.47	0.43
4	丙酮	0.31	0.31	0.31	—	—	—	—	—	—
5	甲酸乙酯	0.25	0.16	0.25	0.08	0.13	0.37	0.22	0.10	0.39
6	乙酸乙酯	77.26	78.50	77.28	28.11	135.02	161.64	140.0	79.33	276.98
7	乙缩醛	18.53	25.28	18.53	5.84	14.38	12.34	32.83	17.03	10.50
8	甲醇	10.33	5.33	10.33	2.12	7.23	4.87	11.34	12.38	4.35
10	异戊醛	0.86	0.74	0.86	—	0.50	0.61	0.89	0.61	0.69
11	2,3-丁二酮	0.24	0.08	0.24	—	—	—	—	—	—
12	仲丁醇	6.44	8.59	6.44	0.19	0.52	0.37	4.23	1.37	22.89
13	丁酸乙酯	1.21	—	1.21	0.09	0.15	0.20	0.19	0.63	1.92
14	正丙醇	31.22	41.50	31.22	18.92	13.06	23.05	47.74	26.24	480.62
15	1,1-二乙氧基异戊烷	0.17	0.50	0.17	—	0.06	0.08	0.05	0.10	0.11
16	乙酸正丁酯	0.30	—	0.30	—	0.17	0.25	0.60	0.30	0.24
17	异丁醇	53.59	51.97	53.59	56.55	11.31	16.39	25.44	15.77	18.72
18	乙酸异戊酯	3.02	1.93	3.02	0.27	0.40	0.41	0.35	0.61	0.62
19	戊酸乙酯	0.34	2.33	0.34	0.31	0.30	0.07	—	0.09	0.33
20	正丁醇	3.66	2.05	3.66	0.68	0.59	0.42	1.88	1.20	2.09
21	活性戊醇	21.50	23.39	21.50	15.94	4.09	7.08	7.43	4.89	5.73
22	异戊醇	100.23	84.14	100.23	48.34	32.26	37.19	43.44	33.18	30.90
23	己酸乙酯	0.69	0.66	0.69	0.14	0.31	0.31	0.48	0.90	0.84
24	正戊醇	1.54	1.03	1.54	0.67	0.34	0.03	0.52	0.44	0.40
25	乙酰甲基甲醇	1.92	2.12	1.92	3.57	3.78	2.40	7.69	22.97	50.17

序号	成分									
26	庚酸乙酯	0.05	0.04	0.05	—	—	—	—	—	—
27	乳酸乙酯	44.66	43.24	44.66	101.59	52.38	49.11	83.78	53.54	26.67
28	正己醇	0.83	0.81	0.83	0.02	0.17	0.19	0.18	0.39	0.35
29	己酸丁酯	0.11	0.19	0.11	0.13	0.14	—	1.51	—	0.40
30	三甲基吡嗪	—	—	—	—	0.05	—	—	—	—
31	辛酸乙酯	0.86	0.60	0.86	0.53	0.28	0.43	0.98	0.32	0.44
32	己酸异戊酯	0.07	—	0.07	0.06	0.07	—	—	0.07	—
33	乙酸	24.19	40.79	24.19	39.07	77.73	103.10	79.84	73.33	160.16
34	糠醛	1.47	0.92	1.47	0.08	0.23	0.28	1.21	0.75	1.53
35	苯甲醛	0.06	0.13	0.06	0.12	0.05	0.07	0.75	0.29	0.08
36	丙酸	3.40	4.17	3.40	2.10	0.92	0.42	6.64	1.52	1.85
37	2,3-丁二醇（左消旋）	4.74	3.74	4.74	1.30	0.19	0.42	6.24	3.32	2.05
38	异丁酸	1.45	1.23	1.45	0.99	—	0.15	0.68	0.66	0.68
39	2,3-丁二醇（内消旋）	1.90	1.40	1.90	0.59	0.69	0.91	2.13	1.26	1.21
40	1,2-丙二醇	—	0.60	—	—	0.21	0.15	—	—	0.37
41	丁酸	5.46	5.84	5.46	1.30	0.53	0.33	5.88	1.21	1.72
42	糠醇	0.72	0.44	0.72	0.09	—	—	0.47	0.46	0.10
43	异戊酸	0.37	0.45	0.37	0.11	0.30	0.19	0.50	0.54	0.40
44	丁二酸二乙酯	0.50	0.32	0.50	0.62	—	—	0.75	—	—
45	戊酸	2.52	0.96	2.52	0.13	—	—	1.08	—	0.18
46	苯乙酸乙酯	—	—	—	—	—	—	—	0.21	—
47	己酸	0.84	1.14	0.84	0.86	1.53	0.56	1.10	2.09	1.28
48	苯甲醇	0.10	—	0.10	—	—	—	—	1.75	—
49	β-苯乙醇	3.37	2.69	3.37	3.01	0.32	0.29	0.90	0.60	1.03
50	庚酸	0.13	—	0.13	2.24	—	0.12	—	—	1.65
51	辛酸	0.22	—	0.22	—	—	—	—	—	—

是一致的。不同的是小曲白酒含有少量丁酸乙酯（10～20mg/L）、戊酸乙酯和己酸乙酯，量虽少但阈值低，对口感影响大。虽然酒中含各类酸比较全，但相应生成的酯却不多。这是因该酒发酵期短，来不及酯化形成，或是酯化方面的酶较少。小曲白酒酯的组成和放香情况，说明只能形成淡雅方面的香型白酒。

（四）醛类的分析

小曲白酒中乙醛和乙缩醛的含量比米香型酒含量高，这也是小曲白酒固态发酵的特点，比麸曲清香白酒略高，个别酒还含有一定的糠醛，这对小曲白酒的呈香呈味，协调和平衡酒体的醇和感，对风味的形成起重要作用。

（五）高沸点成分的分析

高沸点成分方面，小曲白酒中2，3-丁二醇含量比三花酒要高些，苯乙酸乙酯含量比其他酒种高，β-苯乙醇含量较高，接近三花酒。这些芳香成分阈值低，对酒的风格形成起着微妙的作用。十六酸乙酯、油酸乙酯和亚油酸乙酯含量与米香型酒差不多；但比清香、浓香、酱香等大曲酒含量要低，但与其他酒种一样，有同样多的微量成分。

第二节　重庆小曲白酒风格的形成

根据香味成分测定数据的统计，重庆小曲白酒中的酸、酯、醇、醛的比例为1∶1.07∶3.07∶0.37。这与其他酒种是不同的，主要成分是乙酸和乙酸乙酯，含高级醇的比例较高，但其香味阈值比酯类大得多（如乙酸乙酯在空气中为$4×10^{-2}$mg/L，异戊醇为6.5mg/L），从成分看组成清香型类。

香味成分的组成说明，重庆小曲白酒是由种类多、含量高的高级醇类和乙酸乙酯、乳酸乙酯的香气成分，配合相当的乙醛和乙缩醛，除乙酸、乳酸外的适量丙酸、异丁酸、戊酸、异戊酸等较多种类的有机酸，及微量庚醇、β-苯乙醇、苯乙酸乙酯等物质所组成，有自身香味成分的组成关系。

在口感的实验对比中，普遍认为重庆小曲白酒属于清香型类，但与大曲清香、麸曲清香是不一样的，有突出优雅的"糟香"气味，有自身独特的风格，确定为"小曲清香型"类。重庆小曲白酒的口感应概述为：无色透明，醇香清雅，糟香突出，酒体柔和，回甜爽口，纯净怡然。其具体理解是"醇香清雅"：指香气不浓不淡，令人愉快又不粗俗；"糟香突出"：指小曲白酒工艺自然形成的糟香；"酒体柔和"：指酒体感柔和、圆润，刺激性极低；"回甜爽口"：指饮后稍间歇后的微甜与爽适；"纯净怡然"：指酒味醇正，杂味少，香味和谐一致。

第六章

重庆小曲白酒的贮存老熟

经发酵、蒸馏而得的新酒，还必须经过一段时间的贮存，不同白酒的贮存期，因其香型及质量档次而异。如优质酱香型白酒最长，要求在3年以上；优质浓香型或清香型白酒一般需1年以上；普通级白酒最短也应3个月以上。贮存是保证蒸馏酒产品质量的至关重要的生产工艺之一，刚蒸出来的白酒，具有辛辣刺激感，并含有某些硫化物等产生不愉快的气味，称为新酒。经过一段时间的贮存后，刺激性和辛辣感会明显减轻，口味变得醇和、柔顺，香气风味都得以改善，此谓老熟。

第一节　白酒老熟过程中的变化

一、物理变化

白酒老熟过程中的物理变化主要是醇与水分子间的氢键缔合作用。在沈怡方主编的《白酒生产技术全书》中叙述了研究贮存数年不同的蒸馏酒的电导率变化，发现电导率随贮存年数增加而下降，认为这是由于分子间氢键缔合作用生成了缔合群团，质子交换作用减少，降低了酒精的自由分子数量，从而减轻了酒的刺激性，使其味道变醇和了。白酒中含量最多的是酒精和水，占总量的98%左右。它们之间发生的缔合作用对感官变化是十分重要的。但随着人们对白酒老熟作用研究的深入，又提出了一些见解。王夺元等用高分辨[1]H核磁共振技术，在白酒模型体系研究的基础上，通过直接测定由氢键缔合作用引起的化学位移变化，由质子间交换作用引起的半高峰宽变化及缔合度来评价白酒体系中的氢键缔合作用。在对汾酒的研究中，认为酒体中氢键缔合作用广泛存在，对酒度有明显依赖性；其次氢键的缔合过程在一定条件下是一个平衡过程，当平衡时，化学位移及峰形均保持不变，这表明物理老熟已到终点。他在试验中观察到，酒精体积分数为65%的酒精体系，在没有酸、碱杂质时，贮存20个月后，测定其氢键缔合已达到了平衡。但白酒中除酒精和水两种主要成分以外，还含有数量众多的酸、酯、醇、醛、酮等香气成分，它们将会对白酒体系的缔合平衡产生影响，如微量的酸可使缔合平衡更快到达。王夺元实测了若干种新蒸馏出的含酸白酒的^{1}H核磁波谱，发现其化学移位、半高峰宽及缔合度已接近模型白酒体系的缔合平衡状态。这说明实际上白酒中各缔合成分间形成的缔合体作用强烈；并显示促进缔合平衡的建立无须通过长期的贮存，只要引入适量的酸就可大大缩短缔合平衡的过程。在测定5个月和10年的汾酒时，它们的化学移位值没有差别，即缔合已平衡，但口感差别很大。因此，氢键缔合平衡不是白酒品质改善的主要因素，不是白酒老熟中的主要控制指标，结合白酒化学分析测定，可认为老熟过程中品质变化的决定因素是化学变化。其描述的贮存过程是：蒸馏酒醅得到的新酒，所含有的酸成分可促使醇与水氢键缔合很快达到缔合平衡；随着贮存期的延长，主要是发生化学反应，并使香气成分增加。这个过程较缓慢。其间存在酯水解生成酸和醇，直至平衡建立而达终点。生成的酯或酸均可参与醇与水缔合作用，形成一个较稳定的缔合体，从而使酒体口感醇和，香气浓郁。

从食味化学看，任何食物的香气和口味并非单一化学组分刺激所造成。而是与存在于食物中众多的组成成分的化学分子结构组成、种类、数量及其相互缔合形式有关。白酒的风味也就是酒体中各种化学组分在缔合平衡分配过程中综合作用于人们感官的结果。

二、化学变化

白酒在老熟过程中所起的缓慢化学变化，主要有氧化、还原、酯化与水解等作用。使酒中醇、酸、酯、醛类等成分达到新的平衡，同时有的成分消失或增减，有的成分新产生。它们之间的变化与贮存容器的材质和大小、温度、酸度、酒精含量等条件密切相关。

在《白酒生产技术全书》中介绍了五粮液酒厂对不同年份贮存期的白酒进行检测得出如下结果。

（一）新、老酒微量成分的差异

在老酒中发现的2-氧基甲烷成分，一般贮存期五年内的酒中无此成分。随着酒龄的增长，它的含量逐渐增加。如酒龄为5~10年的酒其含量在0.1~0.6mg/L；10~15年的酒，其含量在0.5~4.2mg/L；15~20年的酒，其含量在3.0~7.0mg/L。故2-氧基甲烷的含量与酒龄成正比关系。这一成分的来源，推测可能是甲醛与酒精的缩合反应产物或是某高沸点物质分解产物。

（二）酸类及酯类的变化

白酒在贮存过程中，除乙酸乙酯量有增加外，几乎所有的酯量都减少。而与此相对应的是酸的量增加，尤其是乙酸、丁酸、乳酸。这充分显示白酒在贮存中，酯类的水解作用是主要的。

（三）醇类及醛类的变化

甲醇的量随贮存时间延长而减少；正丙醇的量变化不大；其他高级醇含量均有所增加。醛类大体上是10年之内呈增加趋势，以后又有所减少。

根据研究和分析可明确白酒在贮存过程中各微量物质的变化规律，了解这些变化规律，对确定小曲白酒的贮存期是很有帮助的。

第二节　贮存设备种类

一、土陶容器

土陶容器是传统的储酒容器之一，即通常所说的陶缸，这类容器的透气性较好，所含多种金属氧化物在贮存过程中溶于酒中，对酒的老熟有促进作用，且生产成本也较低。但土陶制品易破损，机械强度和抗震力较弱，容易出现渗漏酒的现象。陶缸体积小，一般为300kg，最大的1000kg。因此，用它储酒占地面积大，每吨酒需4m²。陶缸容器的封口常用猪尿包、棉垫封口再加缸盖，目前多用硅胶塑料布扎口。由于封盖不严，造成酒精挥发损失。每年损耗率达3%左右，但这一储酒容器至今仍在优质白酒储存中广为应用。

二、水泥池（地池）容器

地池是采用条石或钢筋混凝土结构制成的贮酒容器（内壁表面贴上一层不易腐蚀的材料用于防漏），是一种大容量的储酒容器，根据需要可大可小，小的40t，大的上百吨或几百吨均可。内壁贴面的材料有陶瓷板、瓷砖、环氧树脂等。重庆江津酒厂从20世纪70年代开始使用这种容器储存小曲白酒，后因环氧树脂贴面不符合食品安全要求，予以淘汰。

三、金属容器

起初采用铝制储酒罐，但随着储酒时间的延长，酒中的有机酸对铝有腐蚀作用；同时，铝的氧化物溶于酒中后会产生沉淀并使酒味带涩，因此只能使用在贮存期短的低档白酒上或作勾兑周转使用。后来改用不锈钢储酒罐，避免了铝罐储酒所出现的质量问题。但与传统的陶缸储酒相比，口味不及陶缸储存的酒味醇厚，酒老熟的速度比陶缸慢。

以上三种容器各有利弊，经过多年的总结，根据各容器的特性结合实际情况进行使用，需贮存一年以上的优质白酒用陶缸，贮存一年以内的产品用水泥池储存，不锈钢罐用于勾兑周转使用。

第三节　入库原酒基本数据的测定

重庆小曲酒原酒入库前必须进行口感的品尝鉴定，质量指标和卫生指标的检测。

一、口感鉴定

小曲白酒生产由于工艺、曲药、设备等条件相对固定，因此，如没有特殊原因，在白酒的口感质量上区别不大。主要从三方面进行鉴别后入库，一是重庆本地糯高粱酒，品质为最好。二是外地饭高粱酒，品质次之。三是操作原因所造成有一定缺陷的产品。

二、质量指标的检测

一是酒精度必须达到60%以上，二是按入库控制指标进行主要呈香呈味物质的检测。如总酸、总酯，乙酸乙酯含量等检测。

三、卫生指标的检测

卫生指标的检测主要看是否符合GB 2757–2012《蒸馏酒及其配制酒》

的要求。

第四节　白酒的贮存管理

一、按质量等级归类管理

新酒入库前，应先经尝评人员进行评定等级后，按等级或风格特点归类，在库内排列整齐。在尝评时要排除新酒味来进行品尝。

二、档案管理

详细建立库存档案，并在容器上标上标签，上面写明缸号、产酒日期、生产日期和班组、酒的风格特点、毛重、净重、酒精度、理化检测数据等，为勾兑创造条件。

三、加强酒库卫生管理

搞好酒库清洁卫生，勤扫、勤抹，常开门窗通风，避免产生霉臭味和滋长青霉。

四、定期品尝

分别贮存后还要定期品尝，调整级别，做到对库存酒心中有数。

五、加强配合

勾兑员要与酒库管理员密切配合，酒库管理人员要为勾兑人员提供方便。

第七章

重庆小曲白酒的勾兑与调味

第一节　小曲白酒勾兑与调味的作用及目的

勾兑与调味是白酒生产工艺中的重要组成部分，它是提高产品质量、突出酒体风格、稳定酒质的重要手段。白酒的勾兑与调味是按照酒体设计标准，对基酒进行的尝评、组合、调味，这些过程组成了一个不可分割的有机整体。尝评是了解和判断酒质的主要依据，是基酒组合和调味成型的先决条件；组合是酒与酒的勾兑，包含着新酒与老酒的搭配，其组合的效果十分重要，因为它是调味的基础；调味则是调整酒体质量、掌握酒体风格，起到画龙点睛的作用，是达到酒体设计感官质量标准最后的关键。勾兑与调味的作用及效果十分显著，所以它已成为白酒生产企业生产工艺及质量控制的重要环节。

勾兑与调味的实质，就是力求酒中酸、酯、醇、醛等香味物质含量合适，比例恰当，消除单个酒体往往存在含量不适和比例失调而产生的不愉快甚至出现杂味的现象。运用勾兑与调味技术，即通过基酒尝评、组合勾兑、调味点缀，调整酒中各成分的比例及含量，尽可能地使杂味变成香味，怪味变成好味，变劣为优，形成固有风格，达到质量标准，这就是勾兑与调味的主要作用和目的。

重庆小曲白酒以高粱等粮谷为原料，而优质的小曲白酒产品，多以糯高粱为原料。经整粒蒸煮、摊晾下曲，以根霉小曲为糖化发酵剂，采取做箱培菌糖化、续糟固态发酵，清蒸取酒，高度贮存，精心勾兑和调味，形成乙酸乙酯和小曲白酒工艺独有的糟香复合的香气，具有醇香清雅、口味回甜、香味协调、余味净爽的小曲白酒固有风格。

由于小曲白酒发酵生产工艺中生产班组不一，主要工序控制操作人员不一，以及原酒贮存时间不一，必然导致酒质差异。为使小曲白酒更具风格，以及保持各个生产批次的质量稳定，就需要对不同因素及不同年份的原酒进行综合分析，以体现酒体风格最佳表现状态，结合成本控制要素和对不同品种的市场消费需求而展开酒体设计、勾兑和调味。

第二节　重庆小曲白酒酒体设计

一、基础酒的设计

（一）基础酒感官质量要求

基础酒由各种合格酒组成，但由于各种合格酒是由不同班组生产和不同甑口蒸馏，只是符合原酒等级验收指标而入库贮存，均存在各自的某些缺陷或优点，质量表现不一致和不够全面，或为香大于味，或为香气不足，或为醇甜、爽净各有显露，也就出现各种合格酒不是都能达到基础酒质量标准要求的情况。于是，这就需要对基础酒的感官质量要求进行确定，涉及的因素有以下几个方面：

第一，基础酒的感官质量表现能够基本体现重庆小曲白酒固有的质量特征。

第二，基础酒的感官质量要求符合小曲白酒正常发酵生产和原酒贮存实际，即生产工艺质量控制满足基础酒感官质量要求。也就是说，各种合格原酒通常特征及陈味要求能够满足基础酒选用。

第三，各品种、各质量档次基础酒的感官质量确定，初步能够满足不同层次的广大消费者对小曲白酒的饮用习惯。

基础酒的感官质量确定，实质就是对各种合格原酒的尝评、了解、分析和初步综合的结果。

（二）基础酒主要理化指标

1. 高度酒理化指标要求（见表2-7-1）

高度酒理化指标要求如表2-7-1所示。

表2-7-1　　　　　　　　高度酒理化指标要求

项目	优级	一级
酒精度 / %（体积分数）	41~68	
总酸（以乙酸计）/（g/L）≥	0.40	0.30
总酯（以乙酸乙酯计）/（g/L）≥	0.60	0.50
固形物 /（g/L）≤	0.50	

2. 低度酒理化指标要求（见表2-7-2）

低度酒理化指标要求如表2-7-2所示。

表2-7-2　　　　　　　　　　低度酒理化指标要求

项目	优级	一级
酒精度 / %（体积分数）	18～40	
总酸（以乙酸计）/（g/L）≥	0.25	0.20
总酯（以乙酸乙酯计）/（g/L）≥	0.45	0.30
固形物 /（g/L）≤	0.70	

基础酒的设计，一方面是对各种合格酒的感官质量综合，基本体现小曲白酒固有风格；另一方面各项理化指标必须满足标准范围，为酒体全面设计做好准确而重要的一步。

二、酒体成型设计

基础酒的确定，已经为酒体成型奠定了良好基础，酒中酸、酯、醇、醛等物质含量比例关系基本协调，香、甜、爽、净均能显现，小曲白酒固有风格基本突出，但总是存在某些不足而使酒体不够全面和不够典型，这就需要调味酒的参与而使基础酒得到烘托，从而促进酒体更加全面，风格更加典型。

（一）小曲白酒调味酒的设计

根据基础酒及成品酒的质量标准来设计针对性强的调味酒，然后按设计要求生产或采取特殊工艺制作调味酒。对调味酒的要求是感官上香味独特，别具一格，在微量香味成分上有特殊的量比关系。小曲白酒调味酒的设计一般分为以下几类：一类是以乙酸乙酯为主要特征的调味酒，感官特征是香气清雅，且放香较强，这样的调味酒主要是解决基础酒香气较差的缺陷。第二类是乳酸乙酯和总酸含量较高的调味酒，它的感官特征是甜闷，味醇厚，其作用是解决基础酒中乙酸乙酯含量高但味清淡的缺陷，这样的调味酒有着压香的副作用。第三类调味酒乙酸乙酯、乳酸乙酯及酸含量均高，这样的调味酒既清香幽雅，又绵甜醇厚，且尾味净，用于解决基础酒香与味都差的缺陷。第四类是醇、醛类物质含量都较高的调味酒，这种调味酒稍有异香，对基础酒能起到助香和解闷的特殊作用。第五类是陈味调味酒，这种调味酒一般要求自身香味协调，微量香味成分量比关系适合，酒体风格全面，由延长贮存时间而形成显著的陈味特征，这种调味酒用于解决基础酒欠陈味、欠柔和的质量缺陷。

（二）小曲白酒调味酒的制作

1. 陈酿调味酒

小曲白酒发酵生产一般为5d发酵，第6天取出糟醅清蒸取酒。根据调味酒的设计需要，打破常规，将发酵周期延长至15d以上而延长其发酵糟醅的生酸及酯化时间，并且安排在气温较高的季节生产，为酸、醇酯化及其他微量成分的更多生成提供一个较好的温度环境，促进更多香味物质成分的产生。以这样的方法生产的调味酒香味较为全面，酒质较好，清蒸取酒后，可以全部作为调味酒贮存使用。由于发酵周期长，酒中总酯、总酸含量较高，醇类物质丰富，其中总酸含量可达1.00g/L以上，乙酸乙酯含量可达2.50g/L以上。

2. 酒头调味酒

在小曲白酒发酵生产过程中，针对质量控制较好的班组，在蒸馏取酒时，接取前段500mL左右收集一定数量并坛贮存，一年后即可作为酒头调味酒使用。这种酒头调味酒芳香物质含量较高，其中低沸点物质居多，但低沸点醛类杂质也多，所以刚蒸出来的酒头既香又怪，通常情况下都把酒头作为劣质酒采取回蒸处理。现把酒头收集后，经过一段时间的贮存，酒中的醛类等物质，在贮存中进行转化和一部分挥发，使酒中各种微量成分变化而成为一种非常好的调味酒。酒头中的总酯含量高，总酸含量较低，且多为低沸点的有机酸，所以，酒头调味酒主要用于提高基础酒的前香，多数用于低档产品酒的调味。

3. 尾酒调味酒

在生产质量较好的班组蒸馏取酒搬尾后，取前段20kg左右，酒精浓度为20%vol左右的尾酒，收集并坛贮存1年，也可将此尾酒与原度合格酒按1:1的比例混合，提高酒精浓度搅拌后密封贮存1年，作为尾酒调酒使用。

尾酒调味酒中酸、酯含量都比较高，杂醇油（多元醇）、高级脂肪酸等含量也高，其中高级脂肪酸乙酯和乳酸乙酯为尾酒中的主要酯类，尾酒中的油状物主要是亚油酸乙酯、油酸乙酯等高级脂肪酸类物质，由于它们的相对分子质量大，不溶于水，也就难溶于低度白酒中。

由于尾酒调味酒中香味物质成分比例不协调，高沸点，杂质成分多，所以味很怪，单独尝评其香和味都很特殊。但作为某些基础酒的调味还是具有较好的作用，对提高基础酒的后味，促进酒质回味长，效果较为理想。

4．糟香调味酒

小曲白酒固有的糟香，是由高粱等粮谷整粒浸泡、清蒸膨化、小曲（根霉）为糖化发酵剂、做箱增菌糖化、续糟（配糟）混合固态发酵、蒸馏取酒、续糟（配糟）循环等独有的生产工艺所产生。在小曲白酒的生产过程中，酒中糟香体现的优劣与工序控制有关，与续糟（配糟）配入比例有关，也就是说粮与糟的搭配比例大小决定着产酒糟香的强弱。一般情况下，粮糟比控制在1∶4左右，不同的季节即不同的气温对配糟的比例有所调整，以冬季减糟、夏季加糟的规律对发酵升温速度加以控制，这主要是利用配糟中的含酸量来调节入池发酵糟醅的酸度，从而调节发酵速度，使之有利于不同季节的正常发酵。但在生产过程中，不同的班组对配糟比例的大小有着不同的认识，因为配糟比例大，则工作量有所增大，且煤耗相应有所增加；配糟比例小，工作量相对有所减少，但产酒糟香味偏弱，这样必然导致不同的班组有着不同的取向。就同一班组，对配糟的控制因感官经验决定而时有偏差，也就出现产酒糟香强弱时有波动。由此，小曲白酒合格酒中，始终存在糟香味优劣之分。当然，可以通过基础酒组合而初步解决，但有时组合的基础酒糟香味仍然欠佳，所以需要典型的糟香调味酒作经添加而补充。

糟香调味酒的生产可采用以下两种方法：

第一种方法是将配糟比例增大，粮糟比控制在1∶（5～5.5），发酵时间控制在20d左右，加大配糟比例后，形成混合糟入窖酸度偏高和淀粉浓度偏低而使发酵缓慢；也可在主发酵期完毕，即发酵升温温度回落时，选取一定数量的优质黄浆水加一定数量的前段酒尾，搅拌后回窖，让其在高酸、高醇及其酶促环境下更好地开展酯化作用；开窖起糟时尽量滴尽底糟糊水，以控制糟醅蒸馏时的最佳含水量。

第二种方法是只将入窖下层糟的配糟比例增大，并在常规发酵时间完毕起糟时，只取上层糟蒸馏取酒，保留下层糟，但应采取措施舀尽黄水坑中糊水再回复摊平下层糟，然后装入粮糟密闭发酵，待上层糟按常规发酵完毕，分别取出上下层糟，分别蒸馏取酒。此过程必须滴尽底层糟糊水，以便于提取具有糟香风味的酒体。

这两种方法的实质是增大配糟比例，延长发酵和酯化时间，让其在小曲白酒固态发酵特有的糟醅架构和酶促催化环境中生成更多的糟香风味物质，经蒸馏提取、入坛封存，长期陈贮而形成糟香风格突出的调味酒。

5．陈味调味酒

陈味调味酒一般为有意识地对合格酒延长贮存期让其老熟而得，有时通过勾兑人员在对库存原酒尝评中意外发现而作为陈味调味酒。但多数为有意识地贮存一些各种不同特点的酒，为以后作调味酒使用。酒经过了3年以上贮存后，酒质变得特别醇和，酒中各分子间的缔合较为稳定，酒体老熟而陈味显著，且具特殊的风格，一般说来，3～5年以上贮存时间的老酒，都具有一定的特点，都可以作为陈味调味酒使用，其作用是都能提高基础酒的陈味及醇和的口味和风味，因此，陈味调味酒的贮备及选用对基础酒的调味工作十分重要。

6．其他调味酒

（1）清香调味酒　采用小曲白酒生产工艺与清香型大曲酒的生产方法相结合，即在小曲白酒工艺入窖发酵时，按一定比例添加低温大曲入窖发酵，将发酵期延长至20d以上，经蒸馏取酒贮存老熟后，即为清香调味酒，这种调味酒既有大曲清香的风味，又有小曲白酒的糟香和醇甜。由于该酒乙酸乙酯和乳酸乙酯含量特别高，香味物质成分比小曲白酒丰富，味更醇厚，且少量参与适合小曲白酒酒体，能增进小曲白酒基础酒的清香感及绵柔感，对某些基础酒能够起到清雅而爽净的调味作用。

（2）酱香调味酒　按照酱香型大曲酒工艺要求操作，使用高温大曲，采取二次投料，高温堆积，条石小窖，多轮次发酵和高温流酒；将酱香、醇甜及窖底香三种典型体和不同轮次酒综合后长期贮存，老熟后即为酱香调味酒。酱香调味酒含芳香族化合物和形成酱香型味道的物质较多，这类物质在小曲白酒中虽然含量很少，有些物质甚至没有，但在某些小曲白酒基础酒的调味中起着很重要的作用，特别是对小曲白酒高档产品的调味点缀，能使酒体更加老熟、幽雅和细腻。

（3）爽净型调味酒　这种调味酒往往是在贮存调味酒和选用中偶然发现的，其感官特征是突出乙酸乙酯和糟香香气，酒中乳酸乙酯含量低，口味干净而爽快。这种调味酒能克服基础酒前香不足和后味欠爽净的缺陷，是一种较为理想的调味酒。

有了小曲白酒基础酒及调味酒的设计，也就形成了小曲白酒理化要求及感官特征总体酒体设计标准，表明了重庆小曲白酒固有的酒质风格及质量水准，为勾兑与调味提供了可靠的理论依据和物质保证。

第三节　小曲白酒的勾兑调味方法

一、勾兑调味工艺流程

小曲白酒勾兑调味工艺流程如图2-7-1所示。

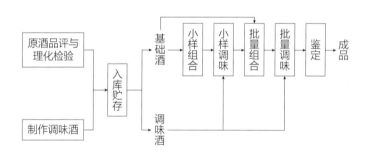

图2-7-1　小曲白酒勾兑调味工艺流程

（一）原酒质量检定

原酒质量检定主要是了解和掌握酒中主要理化指标及品评，若各项指标合格及品尝无异杂味等质量缺陷，作为合格酒入库贮存。

（二）选择和制作调味

在正常生产原酒中挑选调味酒，或按生产技术部门设计某项感官特征特别突出的制作方法生产调味酒，以备各种调味酒贮存和使用。

（三）基础酒小样组合

根据产品质量等级和批量大小，从各个原酒库存容量中抽取样品进行组合，以确定最佳组合方案，按以下步骤进行：

（1）选酒　对贮存时间在规定老熟期以上的原酒，根据理化检验结果和感官尝评选择，挑选具有优异感官特征和普通等级甚至具有某些缺陷的原酒若干，编组编号，记录各样品代表的数量。

（2）小样组合试验　这是勾兑的重要环节，是对所选原酒酒样进行酒与酒的掺兑，新酒与老酒和优异原酒与缺陷原酒的搭配效果试验，以小样组合筛选能够优劣互补的原酒的最佳试验方案，初步达到基础酒质量标准要求。

（3）批量组合　根据选定的小样组合方案，将各原酒按确定的数量从酒缸或酒罐中抽出，打入勾兑容器搅拌均匀后，抽取酒样与小样对比，如有较大差异，查明原因，进行必要调整。

（4）小样调味　小样调味往往是二次进行。即在小样组合试验中的试调和对基础酒形成后抽样进行的初调，总的来说是找准基础酒的弱点和缺陷，选取能够起到补偿和强化作用的调味酒进行添加，反复调试、尝评，直到满意为止。

（5）批量调味（验证）　根据小样调味确定的调味方案，计算各调味酒的添加总量，将其加入勾兑容器中搅拌均匀，取样尝评验证是否与小样调味结果一致，若有差异则需微调；若差异明显，则需重调。

（6）成品鉴定　批量调味成型后，由勾兑及尝评人员和质检专职人员组成鉴定小组，根据酒体感官尝评结果及理化指标检验结果做出合格与否的鉴定，合格则出具灌装及出厂通知书。

二、基础酒的组合

（一）选酒

选酒是小样及大样组合必须而重要的工作，是对贮存到期的合格原酒进行尝评摸底和综合选配，通常按以下几种情况进行选酒。

（1）在选取贮存期相对较短且略有新酒感的原酒时，则应选配贮存期较长的酒样，以便组合后得到综合。

（2）对后味淡薄的酒则选配味醇厚的酒。

（3）对味较醇正，但香气不足的酒，可选香气较好、糟香显著的酒与之组合。

（4）对味糙而单薄的酒，应选用回甜而醇厚的酒参与组合。

（5）对略有涩味且欠柔和的酒，应选用酸含量较高且有回甜味的酒参与组合。

（6）选择香与味都较全面，小曲白酒风格特征典型的特级酒，提供小样试验组合备用，一般组合用量不能超过5%，否则，选酒不准确，或小样组合各种酒的搭配不够合理。

（二）小样组合试验

根据对合格原酒的尝评摸底及综合选酒情况，分析能够达到或接近达到基础酒质量标准的多数，掌握和排列特点及优劣各异的少数，对多数进行全部综合，对特点各异和优劣各异的少数进行搭配，逐步添加和调整搭配酒量，以达到基础酒合格标准。

1．初步组合

将达到和基本接近基础酒质量标准的酒样，按各自所占总量的比例，综合500mL于三角瓶中，摇匀后品尝其香味，确定是否符合基础酒要求，如果不符合，则要分析原因，调整组合比例，直至符合要求为止。

2．搭配试加

在初步组合的酒样中取出50～100mL，对特点及优劣各有所长的样酒以0.5～1mL的计量逐一增量搭配，边加边品尝，直至再添加则有损基础酒风味为止。如果有的酒样添加小计量时就有损酒体风格，说明这样的酒不适合参与组合，当然可以根据实际情况，有时微量添加不但不损小样风味，还可使其某些方面得到改善或者烘托。

3．添加特级酒

特级酒为贮存老熟、香味全面、风格典型的组合备用酒，添加时可按1%～2%的比例，逐步递增，直到酒基香、味、格得到基本体现为止，达到基础酒质量要求，但添加量应恰到好处，既要提高基础酒风味质量，又要避免用量过大。

4．小样验证

（1）将小样加浆至产品标准酒度，品尝验证其酒质变化情况，如果能够基本达到产品质量风味，则小样组合可告一段落，若差异明显，则应分析原因，重新进行小样组合直至合格为止。

（2）小样试调　对小样加浆降度至产品标准酒度后，通过尝评验证已达到组合基础，针对香与味还存在的某些不足，选择调味酒加以调味点缀，使香味更加全面，酒体风格更加突出。在小样试调中，单个调味酒用量一般不能超过0.1%，若超量过大且仍未起到调味作用，一方面分析对小样酒基的不足因素找准与否，对针对不足选用调味酒找准与否，另一方面还应分析对小样酒基的尝评验证准确与否，找准原因，排查处理；若单个调味酒用量均在万分比时即可达到理想效果，则基础酒小样组合试验就算完成，然后根据小样组合比例转入大批量组合。

（三）批量组合

经小样组合试验达到基础酒质量标准要求，按照小样组合的比例关系，计算出各种酒搭配需求量，用泵逐一打入勾兑大容器中，经搅拌均匀后静置待用。批量组合后，应与小样对比尝评，验证是否有什么差异，若基本一致，说明已达到小样水平，即批量组合完成，这也就达到了基础酒的设计要求，形成了合格的基础酒，为调味阶段的顺利进行奠定了良好的基础，其酒体香、味、格等感官尝评质量达到基础酒要求，即可转入正式调味。

（四）组合应注意的问题

（1）选酒时应掌握各种酒的基本情况，包括入库贮存时间、生产班组、坛号、重量以及酒质状态（如香、甜、净、爽等特点或其他特殊怪杂味）记录，以便组合时清楚了解而便于开展。

（2）必须进行小样组合，且应在勾兑室里进行。因为组合是一项非常细致的工作，若选酒搭配不当，一坛酒就会影响一个勾兑大容器的质量，因此，小样组合必不可少。同时还应在空气环境较好的勾兑室开展，细致尝评认识各种酒的性质，使组合效果更为准确而理想。

（3）做好组合原始记录。不论小样组合还是批量组合都应有原始记录，一方面为组合结果出现差异提供数据分析。另一方面，便于找出其中的规律，便于经验总结，有助于提高组合的技术水平。

（4）对杂味酒的处理。要对通常出现的杂味类型有所认识，并应具有相应的处理措施及综合理论常识，对酒中具有的苦、涩、酸、麻、辣味等杂味，要做具体分析，视表现程度而做出处理。后味带苦的酒可以增加陈甜味酒的组合；对后味带涩的酒可以增加基础酒的香味；后味带酸的酒可以增加基础酒的醇甜味。酒中带有麻味的酒在小曲白酒中非常少见，但出现这种酒一般为生产卫生条件较差或清桶（窖）管理不严密，空气大量进入而感染杂菌造成，对这种酒的处理一般采取回蒸或与低档产品酒组合稀释。

三、调味

调味是根据基础酒的某些不足，选择香味具有某些显著特点的调味酒来调整基础酒的口味，突出酒的风格，达到提高酒质的目的，基础酒组合完成后，虽然已基本合格并初具酒体，但在某些方面或某一方面还存在不足甚至缺陷，这就需要通过精心调味来加以解决，才能使酒质更加全面，风格更加突出。

调味是对酒中各微量成分起到添加作用，可能还有微量的化学作用和微量成分的分子重排作用，从而产生呈香呈味物质，并向平衡方向移动，打破了原来较为单一的、失调的平衡，建立一个新的、协调的、较为稳定的平衡关系。当然，调味效果是否达到，新的平衡是否稳定，需要在调味后静置一定时间观察验证，一般在7~10d静置后尝评，如果酒质有所下降，则需进行补充，这就是调味中的最后微调。如再无变化，说明新的平衡关系稳定，调味正确，量比适当。

低度白酒的调味，与高度白酒的调味机制基本一致，但在操作方法上有些不同，既有澄清前调味，又有澄清后调味。澄清前调味具有速度快，包装后不易再次出现混浊的优点，但酒质欠丰满；澄清后调味，可使酒质丰满，但易出现再次混浊。低度小曲白酒的调味，一般采取澄清前调味，澄清后补充调味，以澄清前调味解决再次混浊现象，以澄清后微调满足酒质风格的保持。

调味的方法和步骤如下。

（一）调味器具和滴加量的计算

一般常用的调味器具有：①50mL、100mL、200mL的具塞量筒各1个；②250mL的具塞三角瓶5~10个；③2mL注射器5~10个（附5½号针头5~10个）；④50~60mL的高脚酒杯20个；⑤5~10kg的大玻璃瓶2个。

在2mL注射器中，吸入调味酒，使用5½号针头滴试，针管垂直，拿正注射器，不要用力过猛，等速点滴，不能成线。据试验，1mL可滴200滴，按此计算，每滴相当于0.005mL，在对50mL基础酒滴加时，每滴浓度为万分之一。

（二）判定基础酒的优缺点

在调味之前，首先要对基础酒进行尝评判定，弄清基础酒（包括低度酒澄清前后）在色、香、味、格上有哪些不足，需要解决哪些问题，做到心中有数，有的放矢。

（三）调味酒的选定

调味酒的种类很多，各有其特点和作用，应针对基础酒的具体情况，对症下药。对小曲白酒糟香不突出的基础酒，选用糟香调味酒；针对香气不足且欠爽净的基础酒，则选用乙酸乙酯含量高的和后味爽净的调味酒；陈味不足选老酒，前香不突出选酒头，后味淡薄选醇厚绵甜型调味酒。总之，根据基础酒情况，缺什么选什么，需要综合什么就选什么调味酒。

（四）小样调味试验方法

（1）将选好的具有各种不同特点的调味酒分别吸入2mL的注射器内，并将各调味酒的坛号与注射器本有的编号一一对应做好记录，使用5½号针头。

（2）取基础酒50mL放入250mL具塞三角瓶中。

（3）用注射器向三角瓶中滴加调味酒，从1~2滴开始滴加，盖塞摇匀后进行品尝，逐步滴加，直到香气、口味、风格等全面符合要求为止。

（4）调味酒用量的计算

$$m_1 = \frac{n}{10000} \times m \qquad (7-1)$$

式中　m_1——需要加入的调味酒用量，kg；

　　　n——注射器滴加的滴数；

　　　m——基础酒的总量，kg。

（五）批量调味

将根据小样调味比例计算的各种调味酒用量分别打入基础酒中，经充分搅拌、混合均匀后，取样与小样对照尝评，如果香气、口味、风格与小样相符，即初调完毕，待静置数天后验证；如果不符，立即补调，直到符合为止。

初调合格的成品酒液，需静置贮存7～10d，然后进行复评。

如果酒质稳定，没有变化，即调味完毕，可灌装出厂。如果变化较大，则还需进行补调，再贮存，再复评，直到完全符合要求为止。

较为适合的三种调味方法如下：

（1）逐一调味法　针对基础酒某些不足或缺陷，在调味过程中分别加入各种调味酒，逐一进行调味优选，最后得出各种调味酒的用量。这种方法的实质，就是一个问题一个问题地解决。

（2）同时调味法　针对基础酒存在的多种不足或缺陷，选定几种调味酒，同时滴加，边加边尝，随时增减某种调味酒，直到符合产品质量要求为止。采用这种方法节省时间，效果好。但需要有一定的调味经验，只有在掌握了一定调味技术的基础上才能顺利进行。

（3）综合调味法　针对基础酒存在的某些不足或缺陷，针对性选用各种调味酒，并根据基础酒存在不足或缺陷方面的程度及大小，确定各种调味酒的混合比例形成综合调味酒，然后对基础酒进行调味。这种调味方法需要具有丰富的调味经验才能有效掌握；关键在于对基础酒存在某些不足或缺陷程度的准确判断，以及准确选用调味酒和正确组合成综合调味酒。这种方法较为简单，并且省事、时间短、效果好，为小曲白酒调味工作经常采用。

以上三种调味方法，小曲白酒普遍采用（1）（3）两种，第2种方法一般用于小曲白酒低度酒及高档产品的调味，第3种调味方法一般用于小曲白酒普通级产品的调味，有时在生产批次频繁、批量较大的中档小曲白酒生产中，也采用这种方法调味，效果较好，快捷、方便，各批次也较为稳定，批量调味后若有不足，通过微调即可解决，因为中档小曲白酒组合后各批次存在的缺陷共性较多。所以，在一定阶段或在基础原酒来源及组合因素基本相同时，采用综合调味酒调味，完全能够解决问题，既能达到调味质量要求，又能保持各批次酒体风格的稳定。

第八章

重庆小曲白酒的品评

第一节 小曲白酒的品评方法

小曲白酒和其他白酒一样，需要通过品评确定产品的感官质量。白酒的感官质量主要包括色、香、味、格，品评是通过眼观其色、鼻闻其香、口尝其味，并综合色、香、味三方面来确定其风格，并最终得出分析评价。

一、品评方法

（一）色

小曲白酒色的鉴别是用手举酒杯时对光或者以白纸、白布作底片，用肉眼观察并记录酒的色调、透明度、沉淀和悬浮物的情况。正常的小曲白酒应是无色、清亮透明、无悬浮物、无沉淀，当酒的温度低于10℃时允许出现白色絮状沉淀物质或失光，10℃以上时应逐渐恢复正常。

（二）香

白酒的香气是通过人嗅觉器官来检验的。闻香时，一般是持杯于鼻下5cm左右，头略低，轻吸气，这是第一印象，要做好记录，稍作间歇再闻第二杯，第一遍闻完后稍作休息再闻第二遍，经过反复的顺位和反顺位的嗅闻后，就能对每杯酒的情况作出判断。

对于小曲白酒，要注意原料、辅料中带来的油味、霉味、糠味，发酵中产生的糟香、陈酿中产生的陈香以及香气的清爽与否，记录好这些正常和不正常的气味。

对某些酒样要做极细微的差异鉴别时，可采用下列方式进行特殊嗅闻。

（1）滤纸法 用一条普通滤纸，让其浸吸一定量的酒样，闻纸条上散发的气味，然后放置一定时间后再闻。这样可判别酒样的放香浓度和时间的长短，同时也易于辨别出酒样有无邪杂气味以及气味的大小。

（2）手握法 在洁净的手心滴入酒样，把手握成拳靠近鼻子，从拇指和食指间的空隙处闻香，鉴别香气是否正常。

（3）手背法 将少许酒样滴在洁净的手背或手心上，然后双手相互摩擦，使酒液挥发，及时嗅其气味，判断酒香真伪和留香的长短。

（4）空杯法 将酒杯中的酒样倒掉，留出空杯，放置一定时间，检查留香。

鉴别酒的香气要注意每杯酒与鼻子的距离、吸气时间、间歇、吸入强度等要尽可能一致，以消除误差。

（三）味

味的体会是品评中最重要的部分。尝评酒可以从香气淡的酒样开始，逐渐到较浓的酒样，有异香和异杂气味的放在最后再尝。将酒饮入口中，入口时要慢而稳，使酒液先接触舌尖，然后是两侧，最后到舌根，使酒液铺满舌面，并能有少量下咽为宜，轻轻蠕动舌头，进行味的全面判断。注意每次入口的量要适中，不能过多，也不能过少，过多会使味觉提前疲劳，过少则不能润湿口腔和舌头的整个表面，而且由于唾液的稀释而不能代表酒本来的口味。除此之外，每次入口的酒量要一致，否则在品尝不同酒样时就没有可比性。

二、小曲白酒的品评术语和风格描述

（一）色泽

无色透明、清亮透明、清澈透明、无悬浮物、无沉淀、微黄透明、稍黄、浅黄、较黄、乳白色、失光、微混、稍混、有悬浮物、有沉淀、有明显悬浮物、有杂质。

（二）香气

香气醇正、香气清雅、香气幽雅、具有乙酸乙酯和小曲白酒独有的糟香而形成的复合香气、糟香突出、糟香、糟香较突出、醇香清雅、香气较醇正、香气欠醇正、香气清爽、香气闷、有焦香、有生糠气、有异香、有不愉快气味。

（三）口味

酒体醇厚、醇甜柔和、余味爽净、酒体丰满、香味协调、自然协调、口味细腻、口味柔和、余味较长、后味干净、糟香味、回甜、欠净、粗糙、有水味、后味杂、不清爽、有霉味、有煳味、苦涩味、生糠味、生闷味、后苦、异味、味短、杂醇油味。

（四）风格

风格突出、风格典型、风格明显、风格一般、典型性差、偏格。

第二节　小曲白酒的香味和杂味

一、小曲白酒的主要香味及成分

白酒的香味成分非常复杂。已经检出的香味成分就有300多种，还有许多微量成分未被检出，这些成分在白酒中仅占1%～2%，正是这些众多的呈香呈味物质以及它们的相互作用和相互变化，构成了白酒众多的风格和香型。

通常将白酒的香味成分划分为三部分：

一是色谱骨架成分。在白酒中的含量大于2～3mg/100mL，它们是构成白酒的基本骨架，是形成白酒香和味的主要因素。在小曲白酒中，色谱骨架成分有乙酸乙酯、乳酸乙酯、乙醛、乙缩醛、甲醇、正丙醇、仲丁醇、异丁醇、异戊醇、乙酸、乳酸等。

二是协调成分。主要是酸类和醛类物质，其中酸类物质主要是对味有极强的协调功能，醛类物质主要对香气有较强的协调功能。在小曲白酒中协调成分主要有乙酸、乳酸、乙醛、乙缩醛等。

三是复杂成分。含量低于2～3mg/mL。复杂成分对小曲白酒的风格形成起着重要作用。

小曲白酒由于生产菌种比较单一，多采用纯种根霉和酵母作为糖化发酵剂，且发酵期短，仅为5d发酵，所以香味成分相对于其他白酒而言总体含量偏少。正是这些香味成分含量上的不同，才形成了小曲白酒独特的风格特征，有别于其他白酒。

（一）有机酸

白酒中有机酸多是挥发酸，这是由白酒是蒸馏酒所决定的，它们既是呈香物质，又是呈味物质。有机酸相对分子质量越大，放香越柔和，酸感也越低；相对分子质量越小，放香越大，酸感也越强，刺激性也越强。

有机酸对白酒有相当重要的作用：酸能消除酒的苦味；酸是新酒老熟的有效催化剂；酸是白酒最重要的味感剂；酸对白酒的香气有抑制和掩蔽作用。

有机酸对白酒口味的贡献主要表现在：延长酒的后味；增加酒的味道；减少或消除杂味；可以使酒出现甜味或回甜感；消除燥辣感；增加酒的醇和度；可适当减轻中、低度酒的水味。

小曲白酒中的有机酸主要是乙酸和乳酸，也含有微量的其他酸，如甲酸、丙酸、异丁酸、戊酸、异戊酸、庚酸、辛酸、异辛酸、壬酸、癸酸、棕榈酸、油酸、亚油酸等。乙酸是小曲白酒中含量最多的有机酸。

（二）酯类

酯类是构成小曲白酒香味成分的重要组分。酯在呈香呈味的作用中同样是相对分子质量小、沸点低的酯放香大；相对分子质量大、沸点高的酯香气较弱，但却幽雅，味感也浓。白酒中香味成分的量比关系是决定白酒质量和风格的关键。

小曲白酒中含量最多的酯类是乙酸乙酯和乳酸乙酯，是色谱骨架成分。其他的酯类含量都很少，是复杂成分，如乙酸异戊酯、异戊乙酯、甲酸乙酯、辛酸乙酯、丁酸乙酯、油酸乙酯、亚油酸乙酯、棕榈酸乙酯等。酯类在小曲白酒的微量成分中占第二位，是形成小曲白酒风格和决定小曲白酒质量的重要组分。

（三）醇类

醇类是小曲白酒中含量最多的组分。它们在小曲白酒中所起的作用远大于在其他香型白酒中的作用。在小曲白酒中作为色谱骨架成分的醇类有甲醇、正丙醇、仲丁醇、异丁醇、异戊醇等；复杂成分的醇类有正丁醇、正己醇、β-苯乙醇、2，3-丁二醇、酪醇、活性戊醇等。醇类是白酒中不可缺少的组分，但对一般质量的小曲白酒而言，醇类不是不足，而是含量过多，特别是异戊醇、异丁醇、酪醇，它们使酒带有杂醇油味，使酒体粗糙，使酒苦味过重。控制其含量，是提高小曲白酒口感质量的重要手段。而另一些醇类则对小曲白酒的口感质量有积极作用，2，3-丁二醇带来醇甜感，β-苯乙醇为小曲白酒带来舒适的香气，是形成小曲白酒风格的最重要组分，它在小曲白酒中的含量仅次于米香型白酒。

（四）醛、酮化合物

醛、酮类化合物对白酒香气和口味的舒适性起着重要作用。小曲白酒中的醛、酮类主要有乙醛、乙缩醛、丙醛、正己醛、异丁醛、异丁醛、丙酮、2-戊酮、丁酮、3-羟基丁酮、双乙酰等，其中乙醛和乙缩醛含量较多，是色谱骨架成分。在新酒中乙醛含量较高，但经过贮存后乙醛含量会减少，而乙缩醛含量会增加，酒体也变得绵柔。

二、小曲白酒的杂味

白酒中的异杂味一般从三个途径带入：一是从原辅料中带入，二是从环境中污染，三是工艺控制不当造成。由于异杂味的存在，严重影响产品质量，如何消除和减少异杂味，是小曲白酒酿造中的一项重要工作。

（一）糠味

谷壳是小曲白酒生产使用的疏松剂，谷壳自带有不愉快的糠味，在使用过程中不注意就会将这种不愉快的味道带入酒中，严重影响质量。糠味较重的酒一般都焦辣，含有糠味的酒经过贮存会变为非常不愉快的糠油味，如果调味酒有较重的糠油味则无法使用。要减少糠味必须做到以下三点。

（1）采购无霉变、无污染的新谷壳。

（2）清蒸要彻底。根据生产实践，在清蒸谷壳时，干燥的谷壳不容易将杂味蒸除干净，因此，将谷壳加水泼湿后再清蒸是较为行之有效的办法。

（3）控制谷壳的用量，既减少糠味又降低成本。

（二）苦味

苦味是基本味觉，可由许多物质引起。人对苦味的反应较慢，但苦味持续时间长，不易消失，当其他味都消失后，苦味仍然存在，人对苦味极为反感，稍有露头即表现出不愉快。带有苦味的酒不清爽，苦味在白酒中不受欢迎。

小曲白酒中的苦味相对于其他白酒而言是比较重的。苦味过于突出，就成为一种缺陷，这与小曲白酒的生产工艺密切相关，除了原料、辅料、霉变、卫生等因素外，小曲白酒还有其独特的产生苦味的因素：那就是小曲白酒发酵期短，又要发酵完全，就势必导致发酵速度快、发酵温度高，在高温下产生了较多的苦味物质。这就是小曲白酒苦味的主要来源。

调整好工艺条件可以减少苦味物质的产生；调整好各香味成分的量比关系可减轻苦味，甚至可以使轻微的苦味消失。

第三节 小曲白酒香与味的平衡

白酒中的香和味是不可分离的，白酒是蒸馏酒，其中的成分既对味产生作用，也对香有贡献。小曲白酒的香气主要由三方面构成：一是由粮食、曲药等原辅料产生，特别是粮食的品种不同对小曲白酒的风格影响很大，高粱、玉米、大米或其他原料生产的小曲白酒一闻就能分清；二是由培菌、发酵过程中产生，如糟香、醇香和乙酸乙酯香气，它们主要是微生物代谢的产物；三是由贮存老熟过程中产生，最典型的就是陈味。正是以上三方面的共同融合，才形成了小曲白酒特有的风格和特征。

白酒的口感由两部分组成：一部分是刺激嗅觉而形成芳香和醇香感；另一部分是刺激味觉而形成的味感。这两部分感觉是相伴产生、相互结合、融为一体的，它们的共同作用达到协调和平衡，构成了独特的感官特征。优质的白酒使这种平衡上升为一种和谐，即由纯净到协调、到柔和、到自然、到愉悦、再到个性。优质的小曲白酒必须以口感舒适和香气优雅、完整和雅致的风味为特征，糟香和蜜香要藏而不露，时隐时现，并带有自然的回甜。这就是生产者追求的目标。

第九章

重庆小曲白酒的分析检验

第一节 半成品分析检验

一、取样方法

小曲白酒生产半成品常检测的项目有水分，包括熟粮水分含量、配糟水分含量、入窖和出窖水分含量等；酸度，包括配糟酸度、混合糟酸度、出窖酸度等；淀粉，包括原料淀粉含量、发酵糟残余淀粉含量等；原糖，即出箱原糖含量；含酒量，即发酵糟酒精含量。检验时分别从甑内、通风箱、培菌箱、发酵窖池内取样。甑内取样时分别从上、中、下层均匀抽取；在通风箱、培菌箱中取样时采四周八处均匀取样；在窖池中取样时分别按窖壁、窖中的上、中、下层等量取样。取样时力求做到均匀，用四分法缩分后，取供试品250g。

二、项目检测

（一）水分含量测定

1. 烘箱法

称取10g试样（准确到0.01g）于烘干至恒重的80～100mm直径的培养皿中，在100～105℃烘箱中干燥至恒重。

生产过程中的半成品检测，为能迅速出结果，及时地指导生产，可用130℃温度烘30min，直至恒重。

$$水分含量（\%）=\frac{m-m_1}{m-m_0}\times100 \qquad (9-1)$$

式中 m_0——空培养皿质量，g；

m——空培养皿加试样质量，g；

m_1——空培养皿加烘干后试样质量，g。

2. 红外线干燥法

（1）原理 红外线是一种热的辐射波，有很强的穿透性，干燥是表、里同时进行的，所以能使试样中水分极快挥发，一般只需15～20min就能完成一个试样的分析。

（2）测定方法　称取试样10g，放在红外线自动分析仪的托盘上，调节红外线灯（250W）中心与试样的垂直距离为14～16cm。校正零点后，打开红外线灯，照射15min左右，指针在3min内不变时，读到的数字即为水分质量分数，不需另行计算。

若无自动分析仪，只需用红外线灯烘烤代替烘箱干燥，称重。计算如前。

（二）酸度测定

1. 原理

利用酸碱中和法测定，其定义为100g酒醅滴定消耗1mmol氢氧化钠为1度，即100克酒醅消耗1mL 1mol/L的氢氧化钠溶液为1度。

2. 试剂和溶液

（1）1%酚酞指示剂　称取1.0g酚酞，溶于65mL体积分数为95%的乙醇中，用水稀释至100mL。

（2）0.1mol/L NaOH溶液

① 配制：由于氢氧化钠中含4%左右碳酸钠，应先配成1∶1氢氧化钠饱和水溶液，在塑料试剂瓶中密闭、静置1d，使碳酸钠沉淀，上层溶液清亮。小心吸取上层清液5mL，用煮沸、冷却除去CO_2的蒸馏水稀释至1L。瓶口进气管与氯化钙、碱石灰洗气瓶连接，以防CO_2进入。

② 标定：在内径为5cm左右的称量瓶内盛5g左右邻苯二甲酸氢钾，于105～110℃烘干2h。盖上盖子，在干燥器内冷却30min。然后以减量法称取邻苯二甲酸氢钾0.5～0.6g，（准确至0.0002g），一式三份，分别置于250mL三角瓶中。加50mL无CO_2的水溶解后，再加2滴酚酞指示剂，用新配制的氢氧化钠滴定至微红色10s不退为终点。

$$c = \frac{m}{204.2 \times V} \times 1000 \qquad (9-2)$$

式中　c——氢氧化钠标准溶液浓度，mol/L；

　　　m——邻苯二甲酸氢钾质量，g；

　204.2——邻苯二甲酸氢钾摩尔质量，g/mol；

　　　V——滴定消耗氢氧化钠溶液体积，mL。

3．测定方法

（1）试样处理　将试样在研钵中研细，称取10g（准确到0.1g）于250mL杯中，加入100mL沸冷却的蒸馏水，不时搅拌，于室温浸泡15min，用脱脂棉过滤后备用。

（2）滴定　吸取滤液10mL于150mL三角瓶中，加入20mL煮沸冷却的蒸馏水和2滴酚酞指示剂，用0.1mol/L NaOH滴定至微红色10s不退。

（3）计算

$$酸度 \left[度（mmol）\right] = \frac{c \times V}{10 \times \dfrac{10}{100}} \times 100 = c \times V \times \frac{100}{10} \times \frac{100}{10} \qquad (9-3)$$

式中　c——NaOH 浓度，mol/L；

V——NaOH的滴定体积，mL；

$\dfrac{100}{10} \times \dfrac{100}{10}$——试样稀释倍数，并换算到100g酒醅的酸度。

（三）还原糖含量测定

1．原理

还原糖含量即出箱时培菌糟含糖量，采取降低斐林试剂浓度、标准葡萄糖反滴定法。测定时为了不使氧化亚铜红色沉淀影响终点判断，需加入亚铁氰化钾，使红色沉淀溶解，生成浅黄色络合物：

$$Cu_2O + K_4Fe（CN）_6 + H_2O = K_2Cu_2Fe（CN）_6 + 2KOH$$

红色沉淀　　　　　　　浅黄色

这样终点更为明显，检测范围在5mg左右（对10mL斐林试剂）。

2．试剂和溶液

（1）斐林试剂　甲液：称取15g硫酸铜（$CuSO_4 \cdot 5H_2O$）、0.05g次甲基蓝，溶解于水，稀释至1L。

乙液：称取50g酒石酸钾钠、54g氢氧化钠、4g亚铁氰化钾，溶于水，稀释至1L。

（2）0.2%标准葡萄糖液　准确称取预先在100～105℃烘干的无水葡萄糖1.0g（用减量法快速称量，精确到0.0002g），溶解于水，加5mL浓盐酸，用水定容至1L。

（3）1%次甲基蓝指示剂　称取1.0g次甲基蓝，溶于适量水中，加水稀释成100mL，配成1%溶液。

3．测定方法

（1）样品处理同"酸度测定"。

（2）预备试验　吸取斐林试剂甲、乙液各5mL于一150mL锥形瓶中，加入5.00mL制备好的试样，再加20mL水，摇匀。置煤气灯或有石棉网的电炉上加热至沸。用滴定管在沸腾状态下滴加0.2%葡萄糖标准溶液至溶液蓝色即将消失时，加2滴1%次甲基蓝指示液，继续滴定至蓝色正好消失，以溶液底部呈现浅黄色颜色为终点。记录标准糖液用量。

（3）正式滴定　吸取斐林试剂甲、乙液各5mL于一150mL锥形瓶中，加入5.00mL制备好的试样及20mL水，再用滴定管加入比预备试验少0.5～1.0mL的0.2%葡萄糖液，摇匀。置煤气灯或有石棉网的电炉上加热，使其在2min内沸腾，并保持微沸2min。加2滴1%次甲基蓝指示液，继续在沸腾状态下用0.2%葡萄糖标准溶液滴定至蓝色刚好消失，溶液底部呈现浅黄色，记录标准糖液的加入总量。滴定操作应在1min内完成，总的沸腾时间应在3min以内。最后滴定加入的标准糖液量应控制在1mL以内，两次重复滴定的差值应保持在0.05mL以内。

用5mL水代替试样，先加24mL 0.2%葡萄糖标准溶液，其余同正式滴定，做空白试验。记录空白试验消耗0.2%葡萄糖标准溶液的量。

4．计算

$$还原糖含量（\%）=\frac{(V_0-V_1)\times\rho}{5.00\times\frac{10}{100}}\times100=(V_0-V_1)\times\rho\times\frac{100}{5.00}\times\frac{100}{10}\quad（9-4）$$

式中　V_0——标定斐林试剂消耗标准糖液的体积，mL；

　　　V_1——试样消耗标准糖液的体积，mL；

　　　ρ——标准糖液浓度，g/mL；

　　　$\frac{100}{5.00}\times\frac{100}{10}$——试样稀释倍数，并换算到100g酒醅中的含量。

（四）淀粉测定

1．原理

采用盐酸水解标准葡萄糖液反滴定法，测出的量实际是包括还原糖等的总糖量。

2．溶液和试剂

（1）斐林试剂

甲液：称取纯度＞99%的硫酸铜（$CuSO_4 \cdot 5H_2O$）69.3g溶于水，并稀释至1L。若有不溶物，需用干滤纸除去。

乙液：称取酒石酸钾钠356g，氢氧化钠100g溶于水，稀释至1L。

（2）0.2%标准葡萄糖液　同本章还原糖测定的配制方法。

（3）1∶4盐酸　20mL盐酸溶于80mL水中。

（4）20%的氢氧化钠溶液　200g NaOH 溶于1L水中。

3．测定方法

（1）水解液制备　准确称取出窖发酵酒醅10g（入池醅5g）（精确到0.1g）于250mL三角瓶中，加入1∶4盐酸100mL，安装回流冷凝器，或1m长玻璃管，微沸水解30min。冷却后用20%氢氧化钠中和至pH 5～7，用pH试纸检查（注意切勿过碱或局部混合不匀过碱，以免糖受到破坏而结果偏低）。经滤纸过滤，滤液接收在500mL容量瓶中，洗净残渣，定容至刻度备用。

（2）斐林试剂标定

①试剂和溶液：

a．0.2g/100mL葡萄糖液：准确称取于100～105℃烘2h、在干燥器中冷却的无水葡萄糖约2g（精确到0.0002g），由于葡萄糖易吸水，故应该用减量法快速称量。用水溶解，加入5mL浓盐酸，定容到1L。

b．次甲基蓝指示剂：1g次甲基蓝于100mL蒸馏水中加热溶解后，贮于棕色滴瓶中备用。

②标定方法：准确吸取斐林甲、乙液各5.00mL于250mL三角瓶中，加入20mL水，用滴定管加入约24mL葡萄糖液，其量控制在离滴定终点约需1mL糖液。摇匀，在800～1000W的电炉上煮沸，微沸2min后，加2滴次甲基蓝指示剂，继续用0.2g/100mL糖液滴定到蓝色消失为终点。最后的滴定操作应在1min内完成。消耗标准糖液体积为V_0。

（3）试样测定

①预试：为正确掌握预加标准糖液体积，应先做预试：准确吸取斐林甲、乙液各5mL于250mL三角瓶中，加入水解糖液10mL，水10mL，用0.2%标准糖液滴定到次甲基蓝终点，消耗体积为V_1。

② 正式滴定：准确吸取斐林试剂甲、乙液各5mL，于250mL三角瓶中，加入水解糖液10mL，加一定量水，使总体积与斐林试剂标定时滴定总体积基本一致［加水量 $=10+(V_0-V_1)$］。从滴定管中加入 (V_1-1) mL标准糖液，煮沸2min，加2滴次甲基蓝，继续用标准糖液在1min内滴定到终点。消耗标准糖液体积为 V。

4．计算

$$淀粉含量（\%）=\frac{(V_0-V)\times\rho}{m\times\dfrac{10}{500}}\times 0.9\times 100 \qquad （9-5）$$

式中 V_0——标定斐林试剂消耗的标准糖液的体积，mL；

$\quad V$——试样滴定时消耗标准糖液的体积，mL；

$\quad \rho$——标准糖液浓度，g/mL；

$\dfrac{10}{500}$——试样稀释倍数；

$\quad 0.9$——还原糖换算成淀粉的系数；

$\quad m$——试样质量，g。

（五）出窖发酵糟酒精含量测定

1．相对密度法

（1）原理 酒精的相对密度是指20℃时酒精质量与同体积纯水质量的比值，通常以 d_{20}^{20} 表示。然后，查在20℃时酒精水溶液的相对密度与酒精浓度换算表，由酒精的相对密度查出相应的酒精体积分数含量（即酒精度）。

（2）测定方法

① 蒸馏：称取100g酒醅，于500mL蒸馏烧瓶中，加入纯水200mL，连接蒸馏装置，蒸出馏出液100mL，于100mL量筒中，搅匀。

② 酒精的测量

a．将附温度计的25mL密度瓶洗净，烘干，恒重。然后注满煮沸冷却至15℃左右的蒸馏水，插上带温度计的瓶塞，排除气泡，浸入（20±0.1）℃的恒温水浴中，待内容物温度达20℃时，保持20min，取出。用滤纸擦干瓶壁，盖好盖子，称重。

b．倒掉密度瓶中水，洗净、烘干、恒重，注入混匀的馏出液，测定方法同a。

（3）计算

$$d_{20}^{20} = \frac{m_2 - m}{m_1 - m} \qquad (9-6)$$

式中　d_{20}^{20}——馏出液20℃时的相对密度；

　　　m——密度瓶的质量，g；

　　　m_1——密度瓶和水的质量，g；

　　　m_2——密度瓶和馏出液的质量，g。

根据酒样相对密度d_{20}^{20}，查酒精溶液相对密度与酒精度对照表，得出酒醅的酒精含量。该法精确度较高，但手续麻烦。

2. 酒精计法

酒精计法是用酒精度表直接读取温度和酒精的示值。然后查20℃时酒精计浓度与温度换算表，换算成20℃时的酒精体积分数。

将量筒中馏出液搅拌均匀，静置几分钟，排除气泡，轻轻放入洗净、擦干的酒精计。再略按一下，静置后，水平观测与弯月面相切处的刻度示值。同时测量温度，查20℃时酒精计浓度与温度换算表，换算成20℃时的酒精体积分数。

（六）酒糟中残余酒精量测定

1. 原理

酒糟中残余酒精含量是衡量白酒蒸馏技术的一个重要指标。但酒糟中酒精含量甚低，其蒸馏液难以用相对密度法或酒精计准确测量。重铬酸钾把酒精氧化为醋酸，同时6价铬被还原为3价铬，可用比色法进行测定。该法对酒精的检测下限可达0.02%。其反应式如下：

$$3CH_3CH_2OH + 2K_2Cr_2O_7 + 8H_2SO_4 = 3CH_3COOH + 2Cr_2(SO_4)_3 + 2K_2SO_4 + 11H_2O$$

2. 试剂和溶液

（1）0.1%标准酒精溶液　准确吸取0.1mL（AR级）无水酒精于100mL容量瓶中，用水定容到刻度。

（2）2%重铬酸钾溶液　称取2g重铬酸钾（$K_2Cr_2O_7$）溶入水，并稀释至100mL。

（3）浓硫酸　CP级，98%，相对密度1.84。

3．测定方法

（1）配制标准系列　在6支10mL的比色管中，配制标准系列如表2-9-1。

表2-9-1　　　　　　　　　　　　　　配制标准系列　　　　　　　　　　单位：mL

试管编号	0	1	2	3	4	5
0.1%酒精	0	1	2	3	4	5
蒸馏水	5	4	3	2	1	0

各试管中加入1mL2%重铬酸钾、5mL浓硫酸，摇匀，于沸水浴中加热10min，取出冷却。

（2）制备试样

① 蒸馏：同出池醅蒸馏。

② 显色：吸取5mL馏出液于100mL比色管中，加1mL 2%的重铬酸钾，5mL浓硫酸，摇匀，与标准系列管一起加热并冷却。

（3）比色　目测法。

① 可用目测法将试样与标准系列进行比较，再求出酒糟中酒精含量。

② 计算：

$$酒精含量（mL/100g）= \frac{V \times 0.001}{m \times \dfrac{5}{100}} \times 100 \qquad （9-7）$$

式中　V——试样管与标准系列中颜色相当时标准酒精液的体积，mL；

　　0.001——标准酒精液的浓度，mL/mL；

　　$\dfrac{5}{100}$——试样稀释倍数；

　　m——试样质量，g。

（4）分光光度计测定　将显色后的试管在600nm波长下测光密度。以标准系列中酒精含量为横坐标，相对应的光密度为纵坐标，绘制标准曲线。然后测定试样管的光密度，在标准曲线上查得酒精溶液的体积V，计算同上。

第二节 成品酒分析检验

一、取样

批量在500箱以下，随机开4箱，每箱中取出1瓶（以500mL/瓶计），其中2瓶供检测用，另2瓶由供需双方共同封印，保存半年以备仲裁检查。批量在500箱以上，随机开6箱，每箱取1瓶（500mL/瓶计），其中3瓶检测，另3瓶封存备查同上。

二、物理检查

物理检查是通过评酒者的眼、鼻、口等感觉器官对白酒的色泽、香气、口味及风格特征做出评定。检查方法可参阅第八章第一节和GB/T 10345—2007《白酒分析方法》中的感官评定。

三、化学分析

（一）酒精含量测定

1. 相对密度法

（1）原理 同本章第一节（五）中出窖发酵糟酒精含量测定。

（2）测定方法

① 样品制备：吸取100mL酒样，于500mL蒸馏烧瓶中，加水100mL和数粒玻璃珠或碎瓷片，装上冷凝器进行蒸馏，以100mL容量瓶接收馏出液（容量瓶浸在冰水浴中）。收集约95mL馏出液后，停止蒸馏，用蒸馏水定容至刻度，摇匀备用。

注：试验证明原酒样经蒸馏处理，有利于避免酒中固形物和高沸物对酒精含量测定的影响，测出的酒精含量会高一些，高0.15%～0.45%（体积分数）。同时这种蒸馏方法也容易造成酒精挥发损失和蒸馏回收不完全的负效应，使测定值偏低。所以在固形物不超标的情况下，采用不蒸馏，直接测定法更为简便。

② 酒精含量测量：同出窖发酵糟中酒精含量测定方法。

（3）计算

$$d_{20}^{20} = \frac{m_2 - m}{m_1 - m} \qquad (9-8)$$

式中　d_{20}^{20}——20℃测得的酒样相对密度；

　　　m——密度瓶的质量，g；

　　　m_1——密度瓶和水的质量，g；

　　　m_2——密度瓶和酒样的质量，g。

根据酒样的相对密度d_{20}^{20}，查酒精溶液相对密度与酒精度对照表，得出酒样的酒精含量。

2．酒精计法

（1）原理　同本章第一节（六）酒糟中的酒精含量测定。

（2）测定方法　把蒸出的酒样（或原酒样）倒入洁净、干燥的100mL量筒中，测定方法同酒糟中酒精测定。查20℃时酒精计浓度与温度换算表，换算成20℃时的酒精含量。

（二）固形物测定

1．原理

白酒经蒸发、烘干后，不挥发物质残留于皿中，用称量法测定。

2．试验方法

吸取酒样50.0mL，注入已烘干恒重的100mL瓷蒸发皿内，于蒸馏水沸水浴上，蒸发至干。然后于100~105℃烘箱内烘干2h，取出置于干燥器内冷却30min后称量。反复上述操作，直至恒重（精确到0.002g）。

3．计算

$$X = \frac{m - m_1}{50} \times 1000 \qquad (9-9)$$

式中　X——酒样中固形物含量，g/L；

　　　m——固形物和蒸发皿的质量，g；

　　　m_1——蒸发皿的质量，g；

　　　50——取样体积，mL。

（三）总酸测定

1．原理

白酒中的有机酸，以酚酞为指示剂，用NaOH溶液中和滴定，以乙酸计算总酸量。反应式为：

$$RCOOH + NaOH = RCOONa + H_2O$$

2．试剂和溶液

（1）1%的酚酞指示剂　参见本章第一节（二）酸度测定。

（2）0.1mol/L NaOH标准溶液　试剂的配制和标定方法参见本章第一节（二）酸度测定中试剂和溶液部分。

3．测定方法

准确吸取酒样50.0mL于250mL三角瓶中，加入酚酞指示剂2滴，用0.1mol/L NaOH标准溶液滴定至微红色，10s内不褪色为终点。

计算：

$$X = \frac{c \times V \times 0.0601}{50} \times 1000 \qquad (9\text{--}10)$$

式中　X——酒中总酸的含量（以乙酸计），g/L；

　　　　c——NaOH标液浓度，mol/L；

　　　　V——滴定消耗NaOH溶液体积，mL；

　　0.0601——与1.00mL NaOH标准溶液$[c(NaOH) = 1.000mol/L]$相当的以g表示的乙酸的质量，g；

　　　　50——取酒样体积，mL。

（四）总酯测定

1．中和滴定（指示剂）法

（1）原理　先用碱中和白酒中游离酸，再加一定量（过量）碱使酯皂化，过量的碱再和酸反滴定。其反应式为：

$$RCOOR' + NaOH = RCOONa + R'OH$$

$$2NaOH + H_2SO_4 = Na_2SO_4 + 2H_2O$$

（2）试剂和溶液

① 1%酚酞指示剂。

② 0.1mol/L NaOH标准溶液。

③ 0.1mol/L（1/2H_2SO_4）标准溶液

配制：量取浓硫酸3mL，缓缓加入适量水中，冷却后用水稀释至1L，摇匀。

标定：吸取新配制的硫酸溶液25.0mL于250mL三角瓶中，加入2滴酚酞，以0.1mol/L NaOH标准溶液滴定至微红色，10s内不褪色为终点。

计算：

$$c_1 = \frac{c \times V}{25}$$ （9-11）

式中 c_1——硫酸（$1/2H_2SO_4$）标准溶液浓度，mol/L；

c——NaOH标准溶液浓度，mol/L；

V——滴定消耗的NaOH溶液体积，mL；

25——硫酸（$1/2H_2SO_4$）标准溶液体积，mL。

（3）测定方法 准确吸取酒样50.0mL于250mL带盖三角瓶中，加酚酞2滴，以0.1mol/L NaOH中和（切勿过量），记录消耗体积用于总酸含量计算。再准确加入0.1mol/L NaOH 25.0mL（若酒样中含酯量高可适当多加），摇匀，装上回流冷凝管，于沸水浴中回流30min（也可用室温条件下加盖，暗处反应24h代替）。取下冷却至室温。然后，用0.1mol/L硫酸（$1/2H_2SO_4$）溶液滴定过量的NaOH，使微红色刚好完全消失为终点。记录消耗的0.1mol/L硫酸（$1/2H_2SO_4$）体积。

（4）计算

$$X = \frac{(c \times 25.0 - c_1 \times V) \times 0.088}{50} \times 1000$$ （9-12）

式中 X——酒样中酯的含量（以乙酸乙酯计），g/L；

c——NaOH的浓度，mol/L；

25.0——皂化反应时加入0.1mol/L NaOH的体积，mL；

c_1——硫酸（$1/2H_2SO_4$）的浓度，mol/L；

V——滴定消耗0.1mol/L（$1/2H_2SO_4$）溶液体积，mL；

0.088——与1.00mL NaOH标准溶液相当的乙酸乙酯质量，g；

50——取酒样体积，mL。

2. 电位滴定法

（1）原理 中和、皂化同中和滴定（指示剂）法中的（3），用H_2SO_4滴定过量的NaOH，当接近等当点时，氢离子浓度发生急剧变化，利用pH变化最大的突跃点指示终点。

（2）试剂和溶液

① pH 8.0缓冲溶液：分别取46.1mL 0.1mol/L的氢氧化钠溶液，25.0mL 0.2mol/L磷酸二氢钾溶液于100mL容量瓶中，用水稀释至刻度，摇匀。

② 1%酚酞指示剂、0.1mol/L NaOH和0.1mol/L 硫酸（1/2H_2SO_4）溶液均同中和滴定法一法。

（3）仪器

① 回流皂化装置同中和滴定（指示剂）法中的（3）。

② 自动电位（或附电磁搅拌器的pH计），以玻璃电极作指示电极，甘汞电极作参比电极。

（4）试验方法

① 试样制备：酒样中和皂化同中和滴定（指示剂）法中的（3），冷却至室温后移入150mL小烧杯，用10mL水分次冲洗三角瓶，洗液并入小烧杯。

② 仪器准备：安装好电位滴定仪或pH计，待仪器稳定后，用pH8缓冲溶液校正仪器。

③ 滴定：在试样杯中放一枚转子，进行电磁搅拌。插入电极，按下pH读数开关，用0.1mol/L 硫酸（1/2H_2SO_4）标准溶液滴定。当pH达到8时，减慢滴定速度，每次加半滴，直至pH 8.7时为终点。记录消耗的硫酸体积。

（5）计算　同中和滴定法法计算。

（五）总醛测定

白酒中醛类包括甲醛、乙醛、丁醛、戊醛、糠醛等，它们是发酵过程中醇类的氧化产物。醛类毒性较大。总醛中乙醛含量最大，其沸点比酒精低，蒸馏时集中在酒头，并使新酒具有辛辣味。但适量醛类的存在及醛和醇的缩合物如乙缩醛（二乙氧基乙烷）等是酒中重要的香味成分。白酒中的总醛以乙醛计。

1．碘量法

（1）原理　醛与亚硫酸氢钠发生加成反应，生成α-羟基磺酸钠。过量的亚硫酸氢钠用碘氧化除去。然后加过量碳酸氢钠，使加成物分解，醛重新游离出来。最后用碘标准溶液滴定分解释出的亚硫酸氢钠。

（2）试剂和溶液

① 0.1mol/L盐酸溶液：8.4mL浓盐酸稀释至1L。

② 12g/L亚硫酸氢钠溶液。

③ 1mol/L碳酸氢钠溶液。

④ 碘标准液 $c\left(\frac{1}{2}I_2\right)$ = 0.1mol/L：称取12.8g碘、40g碘化钾于研钵中，加少量水研磨至溶解，用水稀释至1L。贮存于棕色瓶中。

⑤ 碘标准使用液 $c\left(\frac{1}{2}I_2\right)$ = 0.05mol/L：取0.1mol/L碘标准溶液500mL用水定容至1L，贮存于棕色瓶中。

标定：用滴定管先将30mL 0.05mol/L碘液注入250mL三角瓶中，加入50mL氢氧化钠溶液，摇匀，加10mL 2mol/L $Na_2S_2O_3$ 溶液滴定至浅黄色，加约0.5mL 1%淀粉指示剂，继续滴定至蓝色消失。

$$c\left(\frac{1}{2}I_2\right) = \frac{c_0 \times V}{V_1} \qquad (9{-}13)$$

式中　c_0——硫代硫酸钠的浓度，mol/L；滴定体积，mL；

　　　V_1——碘液体积，mL。

⑥ 1%淀粉指示剂。

（3）测定方法　吸取酒样25.0mL于250mL碘量瓶中，加亚硫酸氢钠溶液25mL、0.1mol/L盐酸溶液10mL，摇匀，于暗处放置1h。取出，用少量水冲洗瓶塞，以0.1mol/L碘液滴定，接近终点时，加淀粉指示剂1mL，改用0.05mol/L碘标准使用液滴定到淡蓝紫色出现（不计数）。加入1mol/L碳酸氢钠溶液30mL，微开瓶塞，摇荡0.5min（溶液呈无色），用0.05mol/L碘标准使用液滴定释放出的亚硫酸氢钠至蓝紫色消失为终点，消耗体积 V。

（4）计算

$$X = \frac{(V - V_0) \times c \times 0.022}{50} \times 1000 \qquad (9{-}14)$$

式中　X——酒样中醛含量（以乙醛计），g/L；

　　　V——酒样消耗碘标准使用液体积，mL；

　　　V_0——空白消耗碘标准使用液的体积，mL；

　　　c——碘标准使用液的浓度 $\left(\frac{1}{2}I_2\right)$，mol/L；

0.022——与1.00mL碘标准使用液 $\left[c\left(\frac{1}{2}I_2\right) = 1.000\text{mol/L}\right]$ 相当的乙醛质量，g；

25——取样体积，mL。

2．比色法

（1）原理　醛和亚硫酸品红发生加成反应，再经分子重排失去亚硫酸，生成具有醌形结构的紫红色物质，其颜色深浅与醛含量成正比。

（2）试剂与溶液

① 碱性品红亚硫酸显色剂：称取0.075g碱性品红溶于少量80℃水中，冷却后加水稀释至75mL。移入1L棕色瓶中，加入50mL新配制的亚硫酸氢钠溶液（53.0g $NaHSO_3$ 溶入100mL水中）、500mL水和7.5mL相对密度为1.84的硫酸。摇匀，放置10～12h至溶液褪色并具有强烈的二氧化硫气味。置于冰箱中保存。

② 1g/L醛标准溶液：按乙醛：乙缩醛＝1：1.386（质量比）的比值配制。称取乙醛氨0.1386g，迅速溶于10℃左右的无醛酒精中，并定容至100mL。移入棕色瓶中，贮存于冰箱中。

③ 醛标准使用液的制备：吸取1g/L醛标准液0.0、0.10、0.20、0.30、0.40、0.50mL，分别注入存有5mL无醛酒精的10mL容量瓶中。用水定容至刻度，即醛含量分别为0、10、20、30、40、50mg/L。

（3）仪器　分光光度计。

（4）分析步骤

① 吸取酒样和醛标准系列溶液各2mL，分别注入25mL具塞比色管中，加水5mL、显色剂2.00mL，加塞摇匀，在室温（应不低于20℃）下放置20min显色后比色。

② 用2cm比色杯，于555nm波长处，以试剂空白（零管）调零，测定吸光度，绘制标准曲线，或用目测法进行比较。

（5）计算

$$X = \frac{m}{V \times 1000} \times 1000 \qquad (9\text{--}15)$$

式中　X——酒样中总醛（以乙醛计）含量，g/L；

m——测定试样中的醛量，mg；

V——取样体积，mL。

（六）杂醇油含量测定

杂醇油是指除甲醇、酒精外的高级醇类，包括正丙醇、异丙醇、正丁醇、异丁醇、正戊醇、异戊醇、己醇、庚醇等。因杂醇油的沸点比酒精高，故在酒尾中含量较高。杂醇油对人体的麻醉作用比酒精强，且在人体中停留时间长，能引起头痛等症状。杂醇油与有机酸酯化生成酯类，是酒中重要的香味成分。

1．原理

杂醇油的测定基于脱水剂浓硫酸存在下生成烯类与芳香醛缩合成的有色物质，以比色法测定。

显色剂采用对二甲氨基苯甲醛 $[(CH_3)_2N \cdot C_6H_4CHO]$，它对不同醇类呈色程度是不一致的，其显色灵敏度为异丁醇＞异戊醇＞正戊醇，而正丙醇、正丁醇、异丙醇等显色灵敏度十分差。作为卫生指标的杂醇油指异丁醇和异戊醇的含量，标准杂醇油采用异丁醇、异戊醇（1：4）的混合液。

2．试剂与溶液

（1）0.5%对二甲氨基苯甲醛–硫酸溶液　取0.5g对二甲氨基苯甲醛溶入浓硫酸（AR级）中，并定容至100mL，移入棕色瓶内，贮存于冰箱中。

（2）无杂醇油酒精　取无水酒精200mL，加入0.25g盐酸间苯二胺，于沸水浴中回流2h。然后改用分馏柱蒸馏，收集中间馏分约100mL。取0.1mL制备好的酒精，按酒样分析一样操作，以不显色为合格。

（3）杂醇油标准溶液　称取0.08g异戊醇和0.02g异丁醇于100mL容量瓶中。加无杂醇油酒精50mL，然后用水稀释至刻度，即浓度为1mg/mL的杂醇油标准溶液，贮存于冰箱中。

（4）杂醇油标准使用液　吸取上述（3）标准液5.0mL于50mL容量瓶中，加水稀释至刻度，即为0.1mg/mL的标准使用液。

3．仪器

分光光度计。

4．试验方法

（1）试样配制　吸取1.0mL酒样于10mL容量瓶中，加水稀释至刻度。混匀后吸取0.3mL置于10mL带塞比色管中。

（2）标准系列管的制备　取6支10mL带塞比色管，按表2–9–2所示加入各溶液。

表2-9-2　　　　　　　　　　标准系列管溶液

编号	1	2	3	4	5	6
0.1mg/mL的标准使用液/mL	0	0.10	0.20	0.30	0.40	0.50
水量/mL	1.00	0.90	0.80	0.70	0.60	0.50
相当杂醇油量/mg	0	0.01	0.02	0.03	0.04	0.05

（3）操作方法　将试样管和标准系列管摇匀，放入冰浴中，沿管壁加入2mL 0.5%对二甲氨基苯甲醛-硫酸溶液，使其沉至管底。再将各管盖紧，同时摇匀，放入沸水浴中加热15min后取出，立即放在冰浴中冷却，并立即各加2mL水，混匀，冷却。10min后用1cm比色杯以标准系列管1调节零点，于波长520nm处测吸光度，绘制标准曲线比较，或用目测比较定量。

5. 计算

$$X = \frac{m}{V_1 \times \dfrac{V_2}{10} \times 1000} \times 1000 \qquad (9-16)$$

式中　X——酒样中杂醇油含量，g/L；

m——试样稀释液中杂醇油量，mg；

V_1——酒样体积，mL；

$\dfrac{V_2}{10}$——测定用稀释10倍后的试样体积，mL；

$\dfrac{1}{1000}$——把毫克换算成克的系数。

注：若酒中乙醛含量过高对显色有干扰，则应进行预处理：取50mL酒样，加0.25g盐酸间苯二胺，煮沸回流1h，蒸馏，用50mL容量瓶接收馏出液。蒸馏至瓶中尚余10mL左右时，补加水10mL，继续蒸馏至馏出液为50mL止。馏出液即为供试酒样。

酒中杂醇油成分极为复杂，故用某一醇类以固定比例作为标准计算杂醇油含量时，误差较大，准确的测定方法应用气相色谱法定量。

（七）甲醇含量测定

甲醇为白酒中的有害成分，它在人体内有积累作用，能引起慢性中毒，使视觉模糊，严重时导致失明。薯干、谷糠、代用原辅料制的白酒中，甲醇含量较高。

1. 品红亚硫酸比色法

（1）原理　甲醇经氧化生成甲醛，再与品红亚硫酸作用生成蓝紫色化合物，与标准系列比较定量。其反应如下。

甲醇在磷酸介质中被高锰酸钾氧化为甲醛：

$$5CH_3OH+2KMnO_4+4H_3PO_4=5HCHO+2KH_2PO_4+2MnHPO_4+8H_2O$$

过量的高锰酸钾被草酸还原：

$$5H_2C_2O_4+2KMnO_4+3H_2SO_4=2MnSO_4+K_2SO_4+10CO_2+8H_2O$$

所生成的甲醛与亚硫酸品红〔又称席夫（Schiff）试剂〕反应，生成醌式结构的蓝紫色化合物。

（2）试剂和溶液

① 高锰酸钾-磷酸溶液：称取3g高锰酸钾，加入15mL 85%磷酸与70mL水的混合液中。溶解后加水稀释至100mL，贮存于棕色瓶中，为防止氧化力下降，保存时间不宜过长。

② 草酸-硫酸溶液：称取5g无水草酸（$H_2C_2O_4$）或7g带2分子结晶水的草酸（$H_2C_2O_4 \cdot 2H_2O$），溶于1：1硫酸中，稀释至100mL。

③ 品红-亚硫酸溶液：称取0.1g碱性品红，研细后分次加入80℃的水共60mL，边加边研磨，使之溶解，倾泻法过滤于100mL容量瓶中，冷却后加10mL 10%亚硫酸钠（称取1g亚硫酸钠，溶于10mL水中）和1mL浓盐酸，再加水稀释至刻度，充分混匀，放置过夜。如溶液有颜色，可加少量活性炭搅拌后过滤，贮于棕色瓶中，置暗处保存。溶液呈红色时，应弃去重新配制。

④ 甲醇标准溶液：称取1.000g甲醇或吸取密度为0.7913g/mL的甲醇1.26mL，于100mL容量瓶中，加水稀释至刻度。此溶液浓度为10mg/mL，置于低温下保存。

⑤ 甲醇标准使用液：吸取10.0mL甲醇标准液于100mL容量瓶中，用水稀释至刻度。此甲醇溶液浓度为1mg/mL。

⑥ 无甲醇酒精溶液：取300mL 95%的酒精，加入少许高锰酸钾，蒸馏，收集馏出液。在馏出液中加入硝酸银溶液（1g硝酸银溶于少量水中）和氢氧化钠溶液（1.5g氢氧化钠溶于少量水中），摇匀，取上层清液蒸馏。弃去最初的50mL，收集中间馏出液约200mL，用酒精计测定其酒精体积分数

后，加水配成体积分数为60%的无甲醇酒精溶液。取0.3mL按试样操作方法检查，不应显色。

（3）仪器　分光光度计。

（4）测试方法

① 试样：根据酒中酒精浓度适当取样（体积分数30%取1.0mL，40%取0.8mL，50%取0.6mL，60%取0.5mL），置于25mL具塞比色管中，加水稀释至5.0mL。

② 标准系列液配制：取6支10mL具塞比色管，按表2-9-3所示加入各溶液。

表2-9-3　　　　　　　　　　　标准系列溶液

编号	0	1	2	3	4	5
1mg/mL甲醇标准使用液量/mL	0.0	0.2	0.4	0.6	0.8	1.0
60%无甲醇酒精量/mL	0.5	0.5	0.5	0.5	0.5	0.5
水量/mL	4.5	4.3	4.1	3.9	3.7	3.5

于试样管和标准管中各加2mL高锰酸钾-磷酸溶液，混匀，放置10min。各加2mL草酸-硫酸溶液，混匀，使之褪色。再各加5mL品红-亚硫酸溶液，混匀，于室温（应在20℃以上）下静置反应30min。用2cm比色杯，以标准系列液中零管（试剂空白管）调节零点，于波长590nm处测吸光度，绘制标准曲线比较。或用目测法将样品管与标准色列进行比较。

（5）计算

$$X = \frac{m}{V \times 1000} \times 1000 \qquad (9-17)$$

式中　X——酒样中甲醇含量，g/L；

　　　　m——测定试样中甲醇量，mg；

　　　　V——测定试样中原酒样体积，mL。

2. 变色酸比色法

（1）原理　甲醇被高锰酸钾氧化成甲醛，过量高锰酸钾用偏重亚硫酸钠（$Na_2S_2O_5$）除去，甲醛与变色酸在浓硫酸存在下，先缩合，随之氧化生成对醌结构的蓝紫色化合物，进行比色定量。

（2）试剂和溶液

① 高锰酸钾-磷酸溶液：同品红亚硫酸法。

② 偏重亚硫酸钠溶液：100g $Na_2S_2O_5$溶解于水，稀释至1L。

③ 变色酸显色剂：称取0.1g变色酸（$C_{10}H_6O_8S_2Na_2$）溶入10mL水中，边冷却，边加90mL 90%（质量分数）硫酸。移入棕色瓶中，置于冰箱中保存，有效期为1周。

④ 10g/L甲醇标准液：同品红亚硫酸法。

⑤ 甲醇标准使用液：吸取甲醇标准液0、0.10、0.20、0.40、0.60、0.80、1.00、1.50、2.00、2.50mL，分别注入10mL容量瓶中，用水稀释至刻度。其甲醇含量分别为0、0.10、0.20、0.40、0.60、0.80、1.00、1.50、2.00及2.50mg/mL（即g/L）。

（3）仪器与设备

① 恒温水浴：（70±1）℃。

② 分光光度计：符合GB/T 9721—2006《化学试剂　分子吸收分光光度法通则（紫外和可见光部分）》要求。

（4）测定方法

① 试样：取酒样0.50mL于10mL容量瓶中，用水稀释至刻度。吸取2.00mL于25mL比色管中。

② 标准系列液制备：吸取标准使用液各0.5mL于10mL容量瓶中，用水稀释至刻度。然后根据样品中甲醇含量，选择4~5个不同浓度的甲醇标准使用液各取2mL，分别注入25mL比色管中。

③ 在样品管和标准系列管中各加高锰酸钾-磷酸溶液1mL，放置15min。加100g/L的偏重亚硫酸0.6mL，使脱色。在外加冰水冷却的情况下，沿管壁加显色剂10mL，加塞摇匀，置于（70±1）℃水浴中20min后，取出冷却10min。立即用1cm比色杯在570nm波长处，以零管（试剂空白管）调零，测定吸光度，绘制标准曲线比较。或用目测法将样品管与标准色列进行比较。

（5）计算方法

① 同品红亚硫酸比色法计算。

② 用函数计算器建立线性回归方程：按$A=m\rho+b$（式中b为常数项，m为回归系数，A为标准使用液的吸光度，ρ为标准使用液的甲醇含量）进行计算。

③ 也可选择与试样中甲醇含量相近的甲醇标准使用液的一种，与稀释后的试样各取2.0mL，按上述测定方法③氧化、显色，直接测定吸光度。计算如下：

$$X = \frac{A_x}{A} \times \rho \qquad (9-18)$$

式中　X——试样中甲醇含量，g/L；

　　　A_x——试样的吸光度；

　　　A——标准使用液的吸光度；

　　　ρ——标准使用液的甲醇含量，g/L。

（八）乙酸乙酯测定

1. 原理

样品被汽化后，随同载气进入色谱柱，利用被测定的各组分在气液两相中具有不同的分配系数，在柱内形成迁移速度的差异而得到分离。分离后的组分先后流出色谱柱，进入氢火焰离子化检测器，根据色谱图上各组分峰的保留值与标样相对照进行定性，利用峰面积（或峰高），以内标法定量。

2. 仪器和材料

（1）气相色谱仪　备有氢火焰离子化检测器（FID）。

（2）色谱柱

① 毛细管柱：LZP-930白酒分析专用柱（柱长18m，内径0.53mm）或FFAP毛细管色谱柱（柱长35～50m，内径0.25mm，涂层0.2μm），或其他具有同等分析效果的毛细管色谱柱。

② 填充柱：柱长不短于2m。

载体：ChromosorbW（AW）或白色担体102（酸洗，硅烷化）。80～100目。

固定液：20%DNP（邻苯二甲酸二壬酯）加7%吐温80，或10%PEG（聚乙二醇）1500或 PEG20M。

③ 微量注射器：10μL，1μL。

（3）试剂和溶液

① 乙醇溶液［60%（体积分数）］：用乙醇（色谱纯）加水配制。

② 乙酸乙酯溶液［2%（体积分数）］：作标液用。用色标吸管吸取乙酸乙酯（色谱纯）2mL，用上述乙醇溶液容至100mL。

③ 乙酸正戊酯溶液［2%（体积分数）］：使用毛细管柱时作内标用。用色标吸管吸取乙酸正戊酯（色谱纯）2mL，用上述乙醇溶液定容至100mL。

④ 乙酸正丁酯溶液［2%（体积分数）］：使用填充柱时作内标用。用色标吸管吸取乙酸正丁酯（色谱纯）2mL，用上述乙醇溶液定容至100mL。

3．分析步骤

（1）色谱参考条件

① 毛细管柱

载气（高纯氮）：流速为0.5～1.0mL/min，分流比约为37：1，尾吹20～30mL/min；

氢气：流速为40mL/min；

空气：流速为400mL/min；

检测器温度（T_D）：220℃；

注样器温度（T_J）：220℃；

柱温（T_C）：起始温度60℃，恒温3min，以3.5℃/min程序升温至180℃，继续恒温10min。

② 填充柱

载气（高纯氮）：流速为150mL/min；

氢气：流速为40mL/min；

空气：流速为400mL/min；

检测器温度（T_D）：150℃；

注样器温度（T_J）：150℃；

柱温（T_C）：90℃，等温。

载气、氢气、空气的流速等色谱条件随仪器而异，应通过试验选择最佳操作条件，以内标峰与样品中其他组分峰获得完全分离为准。

（2）校正因子（f 值）的测定　吸取乙酸乙酯溶液1.00mL，移入100mL容量瓶中，加入内标溶液（③或④）1.00mL，用乙醇溶液稀释至刻度。上述溶液中乙酸乙酯和内标的浓度均为0.02%（体积分数）。待色谱仪基线稳定后，用微量注射器进样，进样量随仪器灵敏度而定。记录乙酸乙酯和内标峰的保留时间及其峰面积（或峰高），用其比值计算出乙酸乙酯的相对校正因子。

校正因子按下式计算

$$f = \frac{A_1}{A_2} \times \frac{d_2}{d_1} \qquad (9-19)$$

式中　f——乙酸乙酯的相对校正因子；

　　　A_1——标样f值测定时内标的峰面积（或峰高）；

　　　A_2——标样f值测定时乙酸乙酯的峰面积（或峰高）；

　　　d_2——乙酸乙酯的相对密度；

　　　d_1——内标物的相对密度。

4. 样品测定

吸取样品10.0mL于10mL容量瓶中，加入内标溶液③或④0.10mL，混匀后，在与f值测定相同的条件下进样，根据保留时间确定乙酸乙酯的位置，并测定乙酸乙酯与内标峰面积（或峰高）。求出峰面积（或峰高）之比，计算出样品中乙酸乙酯的含量。

5. 结果计算

样品中的乙酸乙酯含量按下式计算

$$X_1 = f \times \frac{A_3}{A_4} \times I \times 10^{-3} \qquad (9-20)$$

式中　X_1——样品中乙酸乙酯的质量浓度，g/L；

　　　f——乙酸乙酯的相对校正因子；

　　　A_3——样品中乙酸乙酯的峰面积（或峰高）；

　　　A_4——添加于酒样中内标的峰面积（或峰高）；

　　　I——内标物的质量浓度（添加在酒样中），mg/L。

所得结果应表示至两位小数。

6. 精密度

在重复性条件下获得的两次独立测定结果的绝对差值，不应超过平均值的5%。

第十章

重庆小曲白酒生产的环境治理

重庆小曲白酒生产过程的"三废"治理主要在废水处理方面。现在的酒厂用的锅炉大部分是天然气锅炉，即使是燃煤锅炉也能达到废气排放标准，所以废气不需要单独处理。固体废弃物主要集中在酒糟和煤渣上。小曲固态生产的酒糟富含丰富的酵母蛋白和残余淀粉，是优质的动物饲料，各厂的酒糟都提前被养殖单位订购。煤渣也同样有制砖厂统一收购，所以小曲白酒厂基本上没有固态废料排放处理，唯一需要处理的是白酒厂的废水，即污水处理。

第一节　污水来源

重庆小曲白酒的污水排放来源主要分以下两部分。

（1）生产废水　主要由高粱等粮食原料经浸泡、蒸煮、发酵、蒸馏过程产生的废水，以及包装清洗酒瓶用水、清洗工用具用水等。高粱酿酒糟液的污染物浓度很高，COD（化学需氧量）值高达8000mg/L以上，BOD浓度在4000mg/L以上，悬浮物的浓度也有3000mg/L以上。废水中悬浮物颗粒细小，糟液中还含有一定量的泥沙。废水排放时的温度一般比较高，废水中含有大量的余热，具有间断排放、排放不均匀、离散度较大、污染物成分复杂等特点。

（2）生活污水　主要来自于职工生活区的生活用水。污水污染物负荷低、可生化性较强。

目前，各酒厂都采取了一些措施减少污水排放：使用免闷水新设备蒸粮，不用闷粮水，不排闷粮水和泡粮水，减轻投粮量3倍多的污水处理压力；蒸馏酒时冷却器上部热水，回收作泡粮水，既节水，又省能，不直接排放，还减轻污水处理压力；合理使用冲洗瓶水，冲洗瓶水，回收稍加处理后，继续作泡洗瓶用水。

第二节 污水处理方式的选择

酒厂污水处理工艺流程是将酒厂生产过程产生的废水和生活污水处理的工艺方法的组合。通常根据污水的水质和水量，回收的经济价值，排放标准及其社会、经济效益，通过分析和比较，决定所采用的处理流程。一般原则是：工艺简单，减少污染，回收利用，综合防治，技术先进，经济合理等。

酿酒工业生产废水中的污染物远比一般工业废水污染物浓度高得多，采用简单的一级处理无法达到《发酵酒精和白酒工业水污染物排放标准》（GB 27631–2011）表2的直接排放标准。在重庆地区，一般的厌氧工艺，无论是普通厌氧消化还是采用UASB（上流式厌氧污泥床反应器）、AF（升流式厌氧生物滤池）等工艺设备处理，其处理效率一般也只有75%～80%，而好氧处理对污染物（CODcr）最高也只能达到85%～90%的去除率。因此，无论是采取何种工艺，若废水不经过预处理，对污染物浓度COD高达8000mg/L的酿酒工业废水来说，是无法达到排放标准的（排放标准为COD浓度＜100mg/L）。

同时由于废水中悬浮物浓度一般都有1000mg/L以上，废水具有一定的黏度，而且废水中悬浮物沉淀性能极差，采用简单的沉淀工艺进行预处理无法奏效。所以，在预处理环节只能采用效率较高的固液分离设备。尽可能地减少废水中的悬浮物，降低水中的有机物含量，减轻后续处理工序的负担。

酿酒废水中有机物浓度高，污水中BOD（生化需氧量）/COD（化学需氧量）比值较大，生化性强，一般采用生物化学方法处理。

一、厌氧生物处理工艺

在自然界厌氧环境里，生长着大量厌氧微生物以有机物作为营养源，将其分解转化为自身生长所需的能量。废水的厌氧处理工艺正是基于这样一种自然分解原理，有针对性地驯化厌氧微生物，达到去除污染物质的目的，这是一项低能耗、高效率的生物处理技术，近几年来广泛应用于各种废水治理。

厌氧反应根据微生物分解产物类型分为水解酸化阶段、产乙酸阶段、甲烷化阶段，其中产乙酸阶段包括同型产乙酸阶段和产氢产乙酸阶段。在整个厌氧反应里，这几个反应阶段同时进行着，只是各阶段微生物营养源数量的多少决定了其主导反应。一般来说，有机物的分解首先是经过水解酸化阶段将有机物的高分子聚合结构分解为小分子化合物和低分子聚合结构的化合物，然后再经过产酸产甲烷阶段将这些小分子的聚合物分解成CH_4、CO_2、H_2O等可以直接进入自然界的低分子化合物。通常，水解酸化阶段的停留时间较短，根据水质的不同在2~15h之间，产酸产甲烷阶段的停留时间较长，达24h以上。

在废水的厌氧处理中，废水中的有机物经大量微生物的共同作用，被最终转化为甲烷、二氧化碳、水、硫化氢和氨。在此过程中，不同的微生物的代谢过程相互影响，相互制约，形成复杂的生态系统。

厌氧的降解过程可分为以下四个阶段：

水解阶段：高分子有机物因相对分子质量巨大，不能透过细胞膜，故不能为细菌直接利用，因此它们在第一阶段被细菌胞外酶分解为小分子，这些小分子的水解产物能够溶解于水并透过细胞膜为细菌所利用。

发酵（或酸化）阶段：在这一阶段，上述小分子的化合物在发酵细菌（即酸化菌）的细胞内转化为更为简单的化合物并分泌到细胞外。这一阶段的主产物有挥发性脂肪酸、醇类、乳酸、二氧化碳、氢气、氨、硫化氢等。与此同时，酸化菌也利用部分物质合成新的细胞物质。

产乙酸阶段：在此阶段，上一阶段的产物被进一步转化为乙酸、氢气、碳酸以及新的细胞物质。

产甲烷阶段：在此阶段，乙酸、氢气、碳酸、甲酸和甲醇等被转化为甲烷、二氧化碳和新的细胞物质。

一般污水处理使用的厌氧反应器包括高负荷AF厌氧生物滤池、厌氧接触反应器、上流式厌氧污泥床反应器（UASB）、分段厌氧消化反应器、厌氧流化床等。

所有厌氧反应器的本质是一定的，只不过是有处理能力上的差别和效果的不同，在此情况下，反应器内部都存在一个沼气发酵对有机物消化的过程。

高负荷AF厌氧生物滤池又称厌氧固定膜反应器，池内装放组合式填料，池底和池顶密封。厌氧微生物附着于填料的表面生长，当废水通过填料层时，在填料表面的厌氧生物膜作用下，废水中的有机物被降解，并产生沼气，沼气从池顶部排出。滤池中的生物膜不断地进行新陈代谢，脱落的生物膜随水流出池外。

高负荷AF厌氧生物滤池具有如下特点：

（1）停留时间长，平均停留时间长达100d左右，因此可承受的有机容积负荷高，COD容积负荷为2~16kgCOD/（$m^3 \cdot d$），且耐冲击负荷能力强。

（2）废水与生物膜两相接触面大，强化了传质过程，因而有机物去除速度快。

（3）微生物固着生长为主，不易流失，因此不需污泥回流和搅拌设备。

（4）启动或停止运行后再启动速度快。

二、好氧生物处理工艺

好氧方法在近几年以新发展起来的活性污泥法、生物接触氧化法、氧化沟、SBR（序批式活性污泥）应用最广。

生物接触氧化法是生物膜法的一种形式，它是在生物滤池的基础上，由生物曝气法改良演化而来。该法的主要特点就是，在曝气池中放置比表面积很大的填料，微生物附着在填料上并以生物膜的形式存在，以废水中的有机物作为养料，并依靠外界曝气获得所需的溶解氧。该技术早已被用来处理各种不同浓度的有机废水，近年来更是开发出结构和性能很好的新型填料，其对COD的去除率达90%以上，对BOD也有较高的去除效果。

有机颗粒及悬浮物去除工艺

常用于去除不可溶性有机颗粒及悬浮物的物理化学方法有：混凝沉淀法、气浮法、过滤法、吸附法。

气浮法是以微小气泡作为载体，吸附水中的杂质颗粒，使其视密度小于水，然后颗粒被气泡夹带浮升至水面与水分离去除的方法。气浮法主要适用于污水中固定颗粒粒度很细小且颗粒本身及其形成的絮体密度接近或低于水，很难利用沉淀法实现固液分离的各种污水。常用在给水净化，生活污水、工业废水处理。可取代给水和废水深度处理的预处理及污泥浓缩。

按产生气泡的方式气浮法还可分为溶气气浮、充气气浮、电解气浮等。

根据重庆小曲酒综合污水的特殊性，以及一次性投资、运行费用、操作管理、占地面积等几个因素综合考虑，我们在污水处理中对几个工艺进行了评估选择：厌氧生物处理工艺选择高负荷AF厌氧生物滤池；好氧生物处理工艺选择生物接触氧化法；去除有机颗粒及悬浮物工艺采用格栅、调节+高效溶气气浮系统。

第三节　废水处理工艺流程

一、废水处理工艺流程图

废水处理工艺流程如图2-10-1所示。

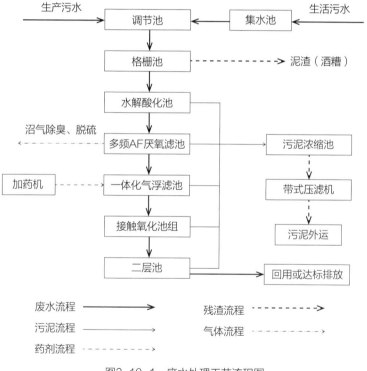

图2-10-1　废水处理工艺流程图

二、废水处理工艺流程描述

生产废水和生活污水经收集后进入调节池进行水质水量均衡调节，然后经提升泵提升到格栅池去除大颗粒物、杂质等，过滤后固体经过简单处理即可以作为动物的饲料原料。清液自流进入水解酸化池进行生化反应，水解酸化池能大幅度减轻AF厌氧生物滤池负荷，为深化处理做好准备。经过水解酸化池的废水自流入AF厌氧生物滤池进一步进行水解酸化深度厌氧处理，其反应过程和水解酸化池相同但反应程度更大更深。

经过AF厌氧生物滤池处理后的废水通过提升泵提升至一体化气浮处理系统，系统内利用微小气泡去除废水中未被分解处理的油污和固态粒度细小的颗粒。然后废水自流进入接触氧化池接触并曝气，在微生物和氧气的作用下对剩余污染物进行分解后进入回用池回用或达标排放。

各个污水处理系统剩余污泥经过排泥泵或自流入污泥浓缩池浓缩，经带式压滤机压滤后干泥可作花草种植基质或随垃圾送往垃圾处理场处置，滤液进入调节池处理。

第三部分

重庆白酒业
部分科研成果及
论文摘选

第一章

重庆市白酒行业主要科研成果

（按先小曲酒、后大曲酒及研究成果时间先后顺序排列）

一、提高小曲酒出率的研究

1977—1979年，永川地区糖酒公司刘升华、龙运川、曾德全等，经反复试验，总结出了一套小曲酒生产的高产稳产经验，并进行推广应用，使永川地区全年小曲酒生产平均出酒率居四川省之首，比推广前明显提高。该成果重点解决了小曲酒生产夏季和冬季短产的问题，获得了四川省革命委员会科学技术委员会颁发的科学技术四等奖。

二、永根YG5-5根霉菌种的诱变选育

1978—1980年，重庆市酒类研究所、永川地区糖酒公司菌种站龙运川、刘升华、唐先秀、曾德全等人对已使用十多年的四川邛崃5号根霉菌种，采用紫外线诱变方法进行诱变，分离选育出了糖化力强、产酸少、用量小、前期生长慢、抗杂菌能力强、出酒率高而稳定的优良根霉菌种永根YG5-5菌种。该菌种经过一年的酿酒生产对比试验，相比当时普遍使用的3851号菌种和Q303菌种，平均出酒率提高了0.5%~1%。四川省经济委员会将其列入重大新技术在全省推广，在省内外得到广泛推广应用。1981年获永川地区科技一等奖，1983年获重庆市二商业局科技奖，1984年获四川省商业科技研究成果四等奖。

三、3.4309帘子麸曲生产

1981年，合川酒厂张代福、文明运等人，引进黑曲霉3.4309在竹帘上生产，糖化酶超过通风制曲，解决了酒厂生产代用品酒的曲药供应问题。该项目由合川县科学技术委员会（简称科委）组织鉴定，荣获原永川地区科技成果四等奖。

四、永根5-5根霉菌种的扩大应用研究

1982年，合川酒厂蒋阳明、文明运等人，配合永川酒研所研制的"永根5-5"根霉菌种在合川酒厂的扩大应用，为"永根5-5"的推广应用提供应用资料。该项目荣获永川地区科技成果二等奖。

五、小曲酒生产工艺改革

1989年，由江津市糖酒公司周天银、王河川、张治中、刘少辉等人实施的"小曲酒生产工艺改革"项目，采用蒸粮、培菌、蒸酒分组、大窖集中发酵、通风凉糟、行车运输等措施，其设计合理，操作方便，能保持传统工艺生产的出酒率和产品质量，大幅度地节约生产车间面积和降低生产成本，减轻工人的劳动强度。该成果属国内同行业先进水平。将通风凉糟工艺（简称通风箱）应用于不同规模的小曲酒生产企业，同样能够达到大幅度节约车间面积、成倍扩大生产能力、降低生产成本、减轻工人劳动强度的效果，彻底改变了小曲酒行业手工作坊式生产的落后面貌，很快就在小曲酒行业推广应用。该成果荣获江津市科技进步一等奖，重庆市商办工业技术进步优秀奖、国内贸易部优秀科技成果，入选《中国实用科技成果大辞典》。周天银还被入选《中国当代科技发明家大辞典》《中国专家大辞典》和《中国世纪英才荟萃》。

六、淀粉质原料低温蒸煮及密集型酵母发酵新工艺

1989—1991年，合川酒厂文明运、秦云等人完成了《淀粉质原料低温蒸煮及密集型酵母发酵新工艺》应用研究，该工艺"不用受压容器，设备利用率高，发酵期短，节约能源，产品质量好，操作方便安全，在重庆市属首次试验成功"。项目由重庆市经济委员会（简称经委）科技处组织专家评审，获得合川科技进步二等奖。

七、用玉米芯为原料制根霉曲

1990年，在当时制曲原料非常紧缺的情况下，江津曲药厂研究人员吴灿银、李俊、周天银等人实施用玉米芯代替麸皮制取根霉曲项目。这一项

目是传统制曲工艺的一次改革。该项目对玉米芯的主要成分、制曲工艺和参数，以及用玉米芯曲酿酒等方面进行了大量的摸索和试验。证明用玉米芯曲酿酒可以保持小曲酒的质量和出酒率，并可降低用曲量，其项目填补了省内空白。用玉米芯制曲可以利用原有设备，降低制曲成本，并为玉米芯的利用找到了一条出路，缓解了麸皮紧张的矛盾，具有很好的社会经济效益。

八、特制几江酒的研究

1993年，由江津市酒类集团公司、重庆市酒类研究所共同实施"特制几江酒"的研究，该项目由周天银、龙运川、季重言、陈永高、吴灿银、仇礼兵、李俊、王东等八人完成。在保留传统几江小曲酒生产工艺基础上，采用石材做发酵桶五天发酵法，优择适宜生香酵母，用丢糟培养的固体香醅进行串蒸法等措施，从而在保证原有出酒率的条件下，使酒中主要香味物质乙酸乙酯含量提高2倍，达到150mg/100mL以上，经改进的工艺，方法简便，易于推广，属国内同行业先进水平。该项目在对工艺和酒体微量成分深入研究的基础上，制定出了数学模型，可实行微机勾兑稳定产品质量，填补了国内小曲酒行业勾兑技术的空白。该项目开发出的"特制几江酒"，彻底解决了小曲酒口感质量方面的缺陷，大幅度提高了产品质量。专家鉴定特制几江酒具有"酒质清澈透明、清香、醇和、回甜、尾净"等特点，并具有小曲酒特有风格，属酒类优秀新产品。"特制几江酒"的研制成功彻底改变了原江津白酒只是低档酒的落后面貌。1995年"特制几江酒"获重庆市优秀新产品三等奖。该成果荣获江津市科技进步一等奖、重庆商办工业技术进步奖、重庆市优秀新产品三等奖、国内贸易部优秀科技成果。

九、省外杂交饭高粱小曲酒生产降低杂醇油含量的研究

1994年，由江津市糖酒公司周天银、陈永高、王河川、王东等人实施"省外杂交饭高粱小曲酒生产降低杂醇油含量的研究"。在当时本地高粱产量减少无法满足生产需要的情况下，必须大量引进东北杂交饭高粱作为小曲酒生产原料，但产品质量又无法达到国家卫生标准而造成大面积停产，成为这一行业的一大技术难题。该项目在四川小曲酒生产工艺的基础

上，采用添加适量糖化酶发酵、双水泡粮等措施，将60度（酒精体积分数60%）白酒中杂醇油含量控制在0.18g/100mL以下，成功地解决了用杂交饭高粱生产小曲酒杂醇油含量超过国家卫生标准这一技术难题，同时出酒率提高了0.96个百分点。该工艺的系统研究与应用，在重庆尚属首次，所达到的经济技术指标处于国内先进水平。应用本技术后，可提高产品质量与产量，减少库存积压，加速资金周转，降低生产成本，经济社会效益良好。该成果获江津市科技进步一等奖、重庆市商办工业技术进步奖、内贸部优秀科技成果。

十、白酒高产曲的研制和应用的研究

1995—1996年，合川酒厂文明运、肖长容等人完成了"白酒高产曲研制和应用的研究"项目，该项目"将麸曲白酒与小曲酒工艺相结合，提高了原料利用率和出酒率，并具有减少工序，降低能耗，节省劳力等优点，具国内先进水平"。该项目由重庆市科委组织鉴定，获得合川科技进步三等奖。

十一、根霉曲原料配方的改进

1997—1998年，合川酒厂文明运、肖长容等人完成了"根霉曲原料配方的改进"应用研究项目，该项目"有利于提高曲药质量和延长保质期，使产品成本下降23%以上，在国内根霉曲生产中处于领先水平"。该项目由合川市科委组织鉴定，获得合川科技进步三等奖。

十二、清香型小曲酒多粮酿制法研究

2004—2006年，龙运川经反复试验研究发明了"清香型小曲酒多粮酿制法"，克服了多种粮食在同一糊化的过程中，不同粮食糊化时间长短不一致及糖化发酵过程中不同粮食发酵时间不一致的技术难题，解决了传统小曲酒单粮酿造带来的香气单一、酒体醇厚回甜不足的问题。该技术获得了发明专利（专利号：ZL2004 1 0040453.3）。

十三、均匀设计优化多粮小曲白酒生产工艺

2009年由重庆市江津酒厂集团有限公司王东、娄国平、龚晓林、朱丹、

李斌、徐荣利等与重庆理工大学王万伦教授等共同合作，开展了"均匀设计优化多粮小曲白酒生产工艺"课题研究，该课题是利用均匀设计的方法，进行试验方案设计，并对试验生产的白酒成分进行分析、感官质量评分，利用SPSS软件推导其数学模型反应方程式，确定出最佳的原料配比。针对多粮酒生产的特点对发酵工艺参数进行了优化，对发酵过程中微生物进行分离、鉴定，明确了微生物的动态变化，在实际生产中进行调控。利用化工原理建立蒸馏模型，通过蒸馏模型调控提高蒸馏效率和原料出酒率。利用超声波等物理因素研究了快速陈化方法，分析酒中微量成分的变化对酒体质量的影响。通过均匀优化的多粮型小曲白酒生产工艺生产的小曲白酒，其香气醇正舒适、优雅细腻，突出了五种粮食的复合香气。该项目获得重庆市2012年度科技进步三等奖。

十四、利用小曲固态法白酒丢糟生产的酸味调味酒

2010年由周天银、李俊、王东、娄国平、龚晓林、兰庆才开展的"利用小曲固态法白酒丢糟生产的酸味调味酒"研究项目，获得了国家发明专利（专利号：2010 1 0136400.7）。

十五、清香型小曲酒粮食糊化新工艺研究

2013—2014年，龙运川、龙洲二人经反复研究、试验，发明了不用闷水蒸粮新工艺，该工艺重点解决了蒸粮过程中的高浓度污水排放问题，做到了泡粮、蒸粮过程基本无污水排放，并大幅缩短了蒸粮时间，减轻了工人劳动强度。"清香型小曲酒粮食蒸粮糊化工艺"被授权发明专利（专利号ZL2014 1 0428275.5）。

十六、露华浓曲酒中间试验

1982—1983年，龙运川、曾德全、刘升华、茅正西、曾红军等经反复研究试验，完成了"露华浓曲酒中间试验"课题，成功实现了低度浓香型曲酒产品的批量生产，是全国首家大批量生产的低度曲酒。该成果较好地解决了低度曲酒的浑浊沉淀问题，并有效地解决了低度曲酒香味淡薄的问题，该产品受到了广大消费者的喜爱。该研究成果1983年获原四川省重庆市新产品一

等奖，1984年获重庆市科委颁发的科学技术成果四等奖，1985年获得了四川省人民政府颁发的四川省重大科学技术研究成果四等奖。

十七、"绿豆大曲酒""绿豆烧"新产品开发奖

1984年，合川酒厂刘世学等人开发生产的"绿豆大曲酒""绿豆烧"新产品，双双荣获永川地区科技四等奖。1985年，研制生产的"银耳大曲酒"通过重庆市科委鉴定，同年"健尔康茶露""健尔康茶汽水"通过四川省农业科学院（简称农科院）鉴定。

十八、QL法生产低度曲酒实验

1986—1988年，合川酒厂刘思义、文明运等人完成了"QL法生产低度曲酒实验"应用研究，该工艺"不用吸附剂，可使成品酒在3℃以上达到澄清透明。工艺简便可行，是一种生产低度曲酒的新途径"。该项目由重庆市科委鉴定，获得合川科技进步四等奖。

十九、微机勾兑曲酒实验

1986—1988年，合川酒厂文明运、刘世学等人完成了"微机勾兑曲酒实验"研究项目，该项目"由数据文件、勾兑、回归分析、模糊识别等功能模块组成微机勾兑软件，利用气相色谱仪收集样本的理化数据，采用线性规划求出最优解，并利用线性回归分析方法预测酒的最佳勾兑方案，在重庆市属首创"。该项目由重庆市科委组织鉴定，获得合川科技进步三等奖。

二十、利用生物等技术提高大曲酒质量和出酒率的研究

1987年，重庆市酒类研究所刘升华、龙运川、张学锋、刘刚等人承担的"利用生物等技术提高大曲酒质量和出酒率的研究"课题，以利用生物技术进行黄水二次发酵产酯增香为重点，编制微机组合、调味及酒库管理程序，利用多种微生物及其制剂强化发酵，在强化发酵和黄水二次发酵产酯液在大曲酒生产应用中最佳条件的筛选等多个方面进行了较为系统的研究，并在实验室取得成功的基础上进行了生产性试用和大面积推广应用。

1991年3月22日经重庆市科委组织鉴定：该项目的研究，选题准、工作

细、效果好、技术资料齐全可信，是大曲酒传统自然发酵同纯种培养相结合的强化发酵，对我国传统发酵技艺的继承、发展具有较大意义。本项目的研究属国内先进水平。

二十一、盛世唐朝酒的研制与开发

2002—2004年，重庆市太白酒厂朱治平、程宏连、余万新、谭滨、刘中利等组织研发的盛世唐朝酒，解决了浓香型高端白酒的批量生产问题，一举突破了重庆市没有高档酒的现状。2005年3月经重庆市万州区科委组织鉴定，被重庆市万州区人民政府授予2004年度万州区科技进步一等奖。

二十二、诗仙太白双重窖藏工艺研究

2009—2010年，重庆诗仙太白酒业（集团）有限公司陈红兵、程宏连、余万新、刘中利、谭滨、周令国等人组织开展课题研究，针对中高端白酒品质提升，创新了双重窖藏工艺，2010年经重庆市科委组织专家鉴定，该产品生产工艺与技术含量居国内白酒行业领先水平，属国内首创技术，具有新颖性、独创性和先进性，被重庆市人民政府授予重庆市科技进步二等奖，被万州区人民政府授予万州区科技进步一等奖。2012年由程宏连、陈红兵、刘中利申请的"一种白酒的贮藏酿制方法"获得国家发明专利（专利号ZL2010 1 0042088.5）。

二十三、浓香型白酒固态发酵中有机物二次利用工艺研究

2011—2013年，由重庆诗仙太白酒业（集团）有限公司蒋育萌、吴成全、刘中利、苏展等研究的"浓香型白酒固态发酵中有机物二次利用工艺研究"项目，经万州区科委组织鉴定，认定为万州区科技成果，获得万州区科技进步三等奖，2013年获得国家发明专利（专利号ZL 2011 1 0253793.4）。

二十四、新花瓷酒和盛世唐朝20年酒等新产品开发

2011—2012年由重庆诗仙太白酒业（集团）有限公司程宏连、余万新、谭滨、刘中利等研制的诗仙太白新花瓷酒、盛世唐朝20年酒分别经重庆市经委组织专家鉴定为重庆市市级新产品，分别获得重庆市优秀新产品三等奖。

2012年，由重庆诗仙太白酒业（集团）有限公司李斌、刘中利等研制的"贞观年代酒"被中国食品工业协会评为"2012年中国白酒国家评委感官质量奖"；2013年，由重庆诗仙太白酒业（集团）有限公司谭滨、刘中利组织研制的"诗仙太白醉美酒"被中国食品工业协会评为"2013年中国白酒酒体设计奖"。

第二章

重庆白酒专业技术人员部分 专业学术论文摘要

本书对重庆白酒专业技术人员在《酿酒》《酿酒科技》等白酒行业国家核心期刊上发表的学术论文进行了检索,(按发表时间先后排序)摘选了部分有代表性的文章摘要。

1. 周天银,江津市糖酒公司,《四川小曲酒工艺改革的研究与应用》,酿酒科技1993年第5期(总第59期)

摘要:为了适应小曲酒生产行业现代化管理的需要,使小曲酒集中规模工厂化生产,通过研究,设计了通风凉床、地窖、车间设备的组合设置,配以行车的运用,实现了小曲酒生产半机械化,工人丢掉了端撮箕,极大地减轻了工人的劳动强度,提高了劳动生产率。从新建年产2700t车间生产4年的情况看,同等车间面积产量扩大2倍(节约5520m²),新增利税138万元,彻底改变了小曲酒生产的落后面貌。该项目1990年通过技术鉴定,1981年获江津县科技进步一等奖。

2. 吴灿银、李俊,四川省江津市酒类集团公司,《用玉米芯代替麸皮制根霉曲》,酿酒科技1994年第2期(总第62期)

摘要:长期以来,根霉曲都是以麸皮作为纯种培养根霉的载体。近几年来,由于饲料业、酿造业的发展,麸皮来源日渐紧张,价格猛涨,现已达到0.7元/kg,直接影响各厂家的经济效益。为此,我们进行了用玉米芯代替麸皮生产根霉曲的研究,开拓新原料来源。

3．周天银、陈永高、王河川、王东，四川江津市糖酒公司，《添加糖化酶发酵降低杂交高粱小曲酒杂醇油含量的研究》，酿酒科技1995年第2期（总第68期）

摘要：当前小曲白酒杂醇油偏高或超标时有发生，采用添加糖化酶发酵等措施，将成品酒中杂醇油含量有效地控制在0.18g/100mL以内，同时提高出酒率0.96%，该成果已通过市科委鉴定。

4．李俊，四川省江津市酒类集团公司，《川法小曲酒桶内发酵动态初探》，酿酒科技1995年第5期（总71期）

摘要：长期以来，川法小曲酒是通过对发酵温度的监测和对吹口情况的观察来判断、控制工艺，缺乏桶内各发酵代谢产物产生的具体数据，特别是与成品酒中各主要香味成分密切相关的各成分的具体数据。本试验通过对各发酵阶段所产生的代谢产物的监测，初步摸清了发酵及副产物产生的规律，为进一步完善工艺控制提供了有力的依据。

5．周天银、李俊，重庆市江津酒厂（集团）有限公司，《提高"江津白酒"质量的研究与生产实践》，酿酒科技2008年第2期（总第164期）

摘要："江津白酒"乃川法小曲白酒。通过对发酵周期、发酵池材料、晾糟设备等的研究与改进，选育生香酵母菌种，采用丢糟做培养基、培养固体香醅进行串蒸、分段摘酒、分级贮存等工艺，制定了白酒中有关微量成分的最佳比例，完善了勾兑工艺。开发的"金江津"系列酒，彻底解决了川法小曲酒因工艺问题造成口感方面苦涩味重的难题，大幅度提高了产品质量，其酒的乙酸乙酯含量达到150mg/100mL以上。

6．周天银，重庆市江津酒厂（集团）有限公司，《川法小曲白酒生产经验总结》，酿酒科技2008年第8期（总第170期）

摘要：随着酿酒科技的不断发展和微生物技术的普及，川法小曲酒生产在四川小曲酒生产工艺的基础上又有了进一步的发展和提高。对如何提高出酒率和产品质量，从川法小曲酒生产实践的蒸粮工序、培菌工序、发酵工序、蒸馏工序等方面进行了经验总结。

7. 周天银，重庆市江津酒厂（集团）有限公司，《江津白酒勾兑技术》，酿酒科技2009年第1期（总第175期）

摘要：江津白酒是川法小曲酒的代表。介绍了江津白酒的基础酒贮存、产品的酒体设计、勾兑、调味、加浆用水的处理及白酒过滤处理。

8. 甘兴明，重庆市永川露华浓酿酒有限公司，《浓香型大曲酒发酵下层糟采取离心脱水降酸和提高蒸馏效率的研究》，酿酒科技1998年第6期（总共90期）

摘要：将浓香型大曲酒发酵下层糟采取离心脱水降酸，控制糟醅蒸馏时的含水量和入窖酸度，达到既提高蒸馏效率，又使下层优质糟醅保持循环使用，从而进一步利于浓香型大曲酒典型风格的保持和质量的提高。

9. 甘兴明，重庆石松酒业有限责任公司，《浓香型白酒淡雅变化及其品质控制与发展趋势》，酿酒科技2009年第1期（总第175期）

摘要：浓香型白酒系以大曲微生物、窖泥微生物和环境微生物等天然菌种共酵酿造，酒中有丰富的呈香呈味物质，酒体香气浓郁、绵甜醇厚、协调舒适，深受人们喜爱。消费者对白酒消费意识的变化促进了浓香型白酒"淡雅浓香"的发展。对"淡雅浓香"白酒"淡雅"的认识侧重于酒体的"幽雅"；对"淡雅"品质控制体现于"浓香幽雅、协调自然"；对"淡雅浓香型"白酒的发展应着重于"高雅"品质魅力的把握。

10. 王万能、王东、娄国平、龚晓林、范新发、赵远雕、王鹏、邱重晏、张永华，重庆理工大学药学与生物工程学院、重庆市江津酒厂（集团）有限公司，《多粮小曲清香型调味酒配方优化》，重庆理工大学学报（自然科学）第25卷第9期

摘要：为使小曲白酒酒体更绵甜爽净、自然协调、回味悠长，将单一高粱作为原料转向以高粱、玉米、小麦、大米、糯米、荞麦6种粮食为原料，并利用均匀设计法对粮食配方进行设计，进行小曲清香白酒发酵试验，再由国家级评酒师对试验白酒样品进行品尝打分和气相色谱进行微量成分分析，最后确定最佳原料配方（质量分数）：高粱61%，玉米9%，小麦16%，大米

3%，糯米6%，荞麦5%。

11．王万能、王鹏、王东、娄国平、龚晓林、范新发、赵远雕、邱重晏，重庆理工大学药学与生物工程学院、重庆市江津酒厂（集团）有限公司，《多粮小曲清香型白酒发酵过程中微生物动态变化研究》，重庆理工大学学报（自然科学）第25卷第11期

摘要：以重庆市江津酒厂生产窖池中不同发酵时间的酒醅为研究对象，对小曲清香型白酒发酵过程中微生物进行分离鉴定及计数，研究微生物在发酵过程中的动态变化。探讨了部分微生物对白酒香味形成的不同作用机制。

12．王东、龚晓林、娄国平、朱丹，重庆市江津酒厂（集团）有限公司，《技术进步与创新，助推江津小曲白酒的发展》，酿酒第38卷第2期

摘要：江津小曲白酒二十多年来在生产工艺和设备的改进；五粮型小曲白酒生产工艺的确立；优良菌种的选育应用；多种调味酒的生产；低度酒除浊净化技术的应用；检测手段的提高以及勾调工艺的完善等方面不断开展技术进步和创新活动，基酒质量大幅提高，开发了"金江津酒""几江元帅酒"系列中高档产品，获得了较好的经济效益，推动了江津小曲白酒的发展，在川法小曲酒中独树一帜，成为小曲白酒香型代表。

13．邱重晏、王万能、王东、娄国平、龚晓林、王鹏，重庆理工大学药学与生物工程学院、重庆市江津酒厂（集团）有限公司，《清香型白酒快速陈酿化的初步研究》，酿酒第38卷第6期

摘要：研究了以微波、超声波、紫外和陶瓷粒处理清香型白酒对其总酸、总酯和乙酸乙酯的影响，结果表明微波结合陶瓷粒的复合处理方式催陈效果最佳，其处理条件为2450MHz，5min；超声波结合陶瓷粒的复合方式次之，其最佳处理条件为20kHz，20min。研究结果可应用于清香型白酒的快速催陈。

14. 唐生佑、甘兴明，重庆市农业科学院特种作物研究所、重庆石松酒业有限责任公司，《浅谈重庆市发展高产优质糯高粱的前景》，南方农业第2卷第1期2008年1月

摘要：本文介绍了糯高粱酿酒的特点、重庆市酿酒业的发展简况、高粱生产与科研概况，从高粱适宜旱涝地区种植、重庆高粱需求缺口大、种植优质高粱生产效益高等方面指出重庆市发展高产优质糯高粱的前景。

15. 文明运，重庆军神酒业有限公司，《运用现代生物技术开发桑葚红酒》，酿酒科技2004年第5期（总第125期）

摘要：桑葚，又名桑果，为多年生木本植物桑树的果实，含有丰富的营养物质。以安琪W-ADY活性干酵母作为发酵菌种；主要工艺参数：果汁升温至90℃保持数分钟，快速冷却至25℃接种；25～28℃发酵，前发酵期7d，后发酵期20～25d；下胶温度8～25℃。发酵过程表明，发酵温度对杂醇油含量的影响不大，但发酵汁水分和厌氧条件对杂醇油的生成有很大关系。产品的最终结果符合GB 2758—1981《发酵酒卫生标准》和Q/CJS03—2003桑果酒企业标准。

16. 文明运、向听，重庆钓鱼城酒业有限公司，《粉碎原料生产小曲白酒工艺研究》，酿酒科技2010年第6期（总第192期）

摘要：将原料粉碎后使用高产曲酿制小曲白酒，对生产过程的水分、温度、pH、发酵时间、粉碎粒度对工艺的影响及配糟用量与出酒率的关系进行研究。结果表明，该工艺可行，可节约成本，减轻劳动强度，经济效益好。

17. 文明运、向听，重庆钓鱼城酒业有限公司，《小曲白酒生产经验总结》，酿酒科技2011年第4期（总第202期）

摘要：对小曲白酒生产工艺关键工序总结进行了叙述；对小曲白酒生产的培菌阶段、发酵阶段常见异常情况作了详述，提出了正确的处理方法，掌握正常的培菌、发酵与蒸馏方法。

18. 凌生才，丰都县酒类专卖局，《四川丰都玉米小曲酒的工艺操作》，酿酒科技1992年第1期（第49期）

摘要：通过玉米小曲白酒的生产总结，作者认为，坚持低温发酵，将发酵期延长到8d；加之严格按工艺操作，玉米小曲酒的出酒率可达54.5%。文章较详细地介绍了泡粮、复蒸、摊晾、入池发酵，以及蒸馏等工序的操作、工艺参数等。

19. 凌生才，四川省丰都县三元区供销社酒厂曲药厂，《克服小曲酒伏天"酸箱倒桶"的经验》，酿酒科技1992年第5期（总第53期）

摘要：针对小曲白酒伏天掉排的情况，作者从生产实践出发，较详细地介绍了酸箱、倒桶、感染的情况，分析了造成的原因，并提出了具体的解决办法。

20. 凌生才，三元供销社酒厂曲药厂，《小曲白酒停产复产使用母糟的工艺操作法》，酿酒科技1993年第3期（总第57期）

摘要：从根霉小曲白酒的长期实践中，总结出：热季停产复产使用封存已久的母糟造成了出酒率低，酒质差，作者用5种方法对比，按不同停产季节、时间，采用不同操作方法，使出酒率稳产高产。此文对大曲酒生产亦多有启发、借鉴作用。

21. 凌生才，三元供销社酒厂曲药厂，《用根霉曲和酒糟生产糖化饲料》，酿酒科技1993年第3期（总第57期）

摘要：经我长时间深入群众，向群众学习，在原用各种各样饲料添加剂和糖化饲料的基础上，总结推广了用酿酒根霉曲作饲料糖化剂的新方法。用根霉曲0.35kg便可糖化50kg饲料，每1kg糖化饲料的成本为0.34元，比其他添加剂成本降低8倍多，同样增加生猪食量，促进生猪胃肠消化和吸收，达到生猪快速育肥的目的；同时具有无毒害副作用。

22．凌生才，四川丰都县三元供销社酒厂曲药厂，《小麦酿制小曲白酒的工艺》，酿酒科技1995年第4期（总第70期）

摘要：小麦酿酒原料价格低，出酒率高，酒质好；且小麦皮薄，淀粉松软；煤耗低，操作时间短，方便、简单；只要做到定时、定温加感官检查，出酒率可达53%（57度）以上。

23．凌生才、罗恩木，重庆市丰都县三元供销社酒厂曲药厂，《根霉酒曲生产中应注意的问题》，酿酒科技1999年第6期（总第96期）

摘要：从设施、菌种、培养基质量，生产工艺操作和防止杂菌感染3个方面详细介绍了根霉曲生产中应注意的问题，总结出"温、湿、风、十"的辩证关系，通过"察颜观色"而辨别曲药质量。

24．凌生才，重庆市丰都县三元供销社酒厂，《稻谷小曲白酒生产工艺操作》，酿酒科技2004年第1期（总第121期）

摘要：稻谷酿制小曲白酒工艺主要有稻谷糊化、摊晾、下曲、培菌、入桶发酵和入甑烤酒。糊化过程中泡粮水温72～75℃，时间10～12h，初蒸20min，闷粮60～70min，复蒸60～70min，出瓶热粮含水51%～52%。第一次下曲温度45～55℃，用量25%；第二次下曲温度36～45℃，用量30%；第三次下曲温度35℃，用量30%。培菌糖化温度25～30℃，团烧发酵温度24～26℃。烤酒时控制基酒综合酒度59%～62%（体积分数）。

25．凌生才，重庆丰都县国税局，《固态法小曲白酒出现怪味的解决方法》，酿酒科技2006年第1期（总第139期）

摘要：固态法小曲白酒生产过程中易使酒产生苦味、涩麻味、霉味；出现甲醇重、总酸少、酒质差、出酒率低等现象；这与酿酒原料、工艺、发酵设备和所用工具的卫生状况等有关；只有严格控制原料质量、严格工艺操作、合理添加曲药、合理设计发酵池等，才能解决固态法小曲白酒生产过程酒出现怪味的问题和提高酒质出酒率。

26. 凌生才，重庆丰都县国税局，《金樱子小曲白酒生产工艺操作》，酿酒科技2007年第2期（总第152期）

摘要：金樱子，属自然生长的一种果实，利用其酿造白酒的生产工艺操作简单，包括原料处理、果实粉碎、蒸料、曲药配制、摊晾培菌、入桶发酵、入甑烤酒等工序。所生产白酒酒味浓香，属于保健酒。

27. 程宏连、刘中利，重庆诗仙太白酒业（集团）有限公司，《浅谈白酒新标准的执行》，酿酒2009年第36卷第6期2009年11月

摘要：白酒新标准体现了白酒行业的技术进步，但同时也有一些需要完善和规范的方面提出了对食品安全新形势下白酒标准化工作的建议。

28. 程宏连、李德敏，重庆诗仙太白酒业（集团）有限公司，《剖析白酒批量性后期沉淀》，酿酒科技2009年第5期（总第179期）

摘要：白酒批量性后期沉淀是白酒企业至今无法突破的技术难题。白酒批量性后期沉淀分可逆性后期沉淀和不可逆批量性后期沉淀两种。白酒批量性后期沉淀的产生与各酒样、乙醇降度、降度用水硬度、水的电导率、酒样的无机盐含量及酸根离子含量有关。控制白酒批量性后期沉淀的措施有：从源头抓好质量；应用活性炭除浊；采用硅藻土过滤；做好不同批号相同等级产品的灌装清洗控制；加强酒瓶质量控制及洗瓶工序控制。

29. 程宏连、吴成全，重庆诗仙太白酒业（集团）有限公司，《无花果干酒的酿造》，酿酒科技2009年第7期（总第181期）

摘要：以无花果为原料，采用生物发酵工艺、二次澄清法，酿造出低度、营养、保健饮料酒，提高果品附加值。无花果酒具有果香、酒香和谐醇正、风格独特的特征，酒体澄清透明，富有光泽感。

30. 程宏连、李德敏，重庆诗仙太白酒业（集团）有限公司，《丢糟代替部分小麦用于大曲生产的可行性研究》，酿酒科技，2009年第8期（总第182期）

摘要：丢糟是酿酒生产的副产物，除含有8%～12%的残淀、60%以上的

水分和一定量的糠壳外，还含有一定量的酸、酯、醇、醛等有机物质，有利于微生物的生长，用丢糟代替部分小麦生产大曲试验结果表明，丢糟曲的糖化力、液化力比大曲高，丢糟曲感官和理化指标表明其质量均达到一级曲的质量标准。用丢糟制曲有利于对于筛选、驯良微生物菌种，防止杂菌侵入，提高了曲的酶活力，降低制曲生产成本。

31. 李德敏，重庆诗仙太白酒业（集团）有限公司，《续糟清蒸新工艺应用研究》，酿酒科技2010年第6期（总第192期）

摘要：对清香型白酒和浓香型白酒的生产工艺在生产中的应用过程进行分析对比，对生产过程的润掺工艺、填料方式进行创新，对续糟清蒸工艺流程中的注意事项进行了分析。

32. 蒋育萌、尹天贵、范前辉，重庆诗仙太白酒业（集团）有限公司，《浓香调味酒生产技术的探讨》，酿酒科技2010年第12期（总第198期）

摘要：浓香型白酒芳香浓郁、甘洌净爽、回味悠长，深受广大消费者喜爱。诗仙太白酒质量稳定的关键是有质量稳定的基础酒和质量稳定的勾兑调味用酒。研究了以曲粉、酯化液、黄水、丢糟酒、发酵30d的糟醅进行翻沙回酒半年发酵生产调味酒，结果表明，该方法操作方便，成本低，资源综合利用效益高，经济效益好。

33. 程宏连、张成，重庆诗仙太白酒业（集团）有限公司，《中国白酒的国际化之路》，酿酒科技2011年第1期（总第199期）

摘要：中国白酒产销量在近几年来不断增加，2009年已突破700万千升大关，而出口却相对滞后。在目前的国际国内形势下，中国白酒是时候走上世界舞台了。中国白酒要走向世界，有优势也有困难，中国白酒人应该抓住时机、迎难而上，尽快把中国白酒推上世界的舞台。

34. 谭滨，重庆诗仙太白酒业（集团）有限公司，《酒体设计与市场需求》，酿酒科技2011年第8期（总第206期）

摘要：酒体设计原则应遵循区域性、层次性、多样性；掌握好饮食文化、产品个性化、勾调方案优选的特征特点；在符合国家法律、法规的前提下，满足市场需求。

35. 蒋育萌、吴成全，重庆诗仙太白酒业（集团）有限公司，《酯化红曲在浓香型白酒生产中的应用》，酿酒科技2011年第12期（总第210期）

摘要：红曲霉胞外脂酶具有较强催化己酸乙酯合成的能力，为了更进一步探讨多维发酵的有效途径，重庆诗仙太白酒业在普通窖、双轮窖、半年窖发酵粮糟中加入酯化红曲，进行生产应用试验研究。结果表明，酯化红曲的应用使基酒中己酸乙酯的含量提高0.35～0.58g/L，综合优级品率提高21%～25%，提高优质酒率效果明显，其经济效益显著。

36. 付勋、刘中利、刘弘、宋燕、张艳、谭鹏昊、赵群芳、周忠斌，重庆三峡职业学院，重庆诗仙太白酒业（集团）有限公司，《诗仙太白酒窖泥微生物的分离研究》，酿酒科技2014年第6期（总第240期）

摘要：针对诗仙太白浓香型白酒窖池窖泥中细菌、酵母、霉菌、放线菌、己酸菌及丁酸菌等微生物，选择多种培养基进行分离培养研究。结果表明，牛肉膏蛋白胨培养基+制霉菌素、孟加拉红培养基+氯霉素、孟加拉红培养基+链霉素、高氏Ⅰ号培养基+重铬酸钾+放线菌酮、巴氏培养基、丁酸菌培养基分别对诗仙太白浓香型白酒窖池窖泥中的细菌、酵母、霉菌、放线菌、己酸菌及丁酸菌具有较好的分离效果。

37. 付勋、刘中利、刘弘、陈吉、宋燕、张艳、赵群芳、周忠斌，重庆三峡职业学院，重庆诗仙太白酒业（集团）有限公司，《诗仙太白酒不同窖龄窖泥微生物差异性研究》，酿酒科技2014年第8期（总第242期）

摘要：对诗仙太白酒不同窖龄的窖壁和窖底泥中己酸菌、丁酸菌、好气性细菌、放线菌、霉菌及酵母等微生物间的差异性进行研究。结果表明，相同窖龄的窖泥中，窖壁的好气性细菌和放线菌的数量多于窖底，窖底的己酸菌和丁酸菌的数量多于窖壁，霉菌和酵母菌的数量极少，且无明显分布规律。不同年份的窖泥中，窖壁和窖底的己酸菌、丁酸菌及放线菌的数量随着窖龄的增加而增加，好气性细菌的数量随着窖龄的增加而减少。

38. 蒋育萌、周忠斌，重庆诗仙太白酒业（集团）有限公司，《白酒高温贮存后期形成沉淀的原因及处理》，酿酒科技2015年第4期（总第250期）

摘要：白酒在高温贮存下会产生批量性后期沉淀，这是白酒企业面临的新的质量问题。白酒批量性后期沉淀可分为可逆性沉淀和不可逆批量性沉淀两种。白酒批量性后期沉淀的产生与活性炭质量、钙镁离子含量有关。本研究使用树脂处理有效降低了酒液的硬度，指出控制白酒批量性后期沉淀的措施在于需要严格控制活性炭的质量。

第三章

重庆小曲白酒专业学术论文选编

本书全文摘录了部分重庆白酒专业技术人员在《酿酒》《酿酒科技》等白酒行业国家核心期刊上发表的重庆小曲酒方面的代表性文章，以供参考。

四川小曲酒工艺改革的研究与应用

周天银

江津市糖酒公司（四川江津 邮编633260）

酿酒科技 1993年第5期（总第59期）

为了适应小曲酒生产行业现代化管理的需要，使小曲酒集中规模工厂化生产，通过研究，设计了通风凉床、地窖、车间设备的组合设置，配以行车的运用，实现了小曲酒生产半机械化，工人丢掉了端撮箕，极大地减轻了工人的劳动强度，提高了劳动生产率。从新建年产2700t车间生产4年的情况看，同等车间面积产量扩大2倍（节约5520m²），新增利税138万元，彻底改变了小曲酒生产的落后面貌。该项目1990年通过技术鉴定，1991年获江津县科技进步一等奖。

一、传统小曲酒生产工艺

传统小曲酒生产工艺每天投料400kg为一排酒桶，每排桶需生产工人3人（即一个生产小组），年生产能力为80t左右。每排桶车间面积为280m²，一般为5d发酵，6个地面发酵桶，以撮箕装母糟，摊晾冷却及配母糟均在三合土凉堂进行，整个操作过程均采用撮箕手工端运，生产规模小，占地面积大，工艺落后。

二、小曲酒工艺改革的研究

为了适应行车在小曲酒车间的运行，使其操作方便，又要达到蒸馏、培菌、发酵等各工序的要求，保持产品质量和出酒率的稳定，经反复论证，采用蒸粮、培菌、蒸酒分组，通风摊晾冷却，大地窖集中发酵，行车运输。改三合土凉堂摊晾、囤撮装母糟为通风摊粮强行冷却，通风凉床装母糟；改地面发酵桶为大地窖集中发酵。出甑、收箱、进出窖均使用行车运输，基本不使用撮箕端运。

1．改革后的工艺流程见图1、图2

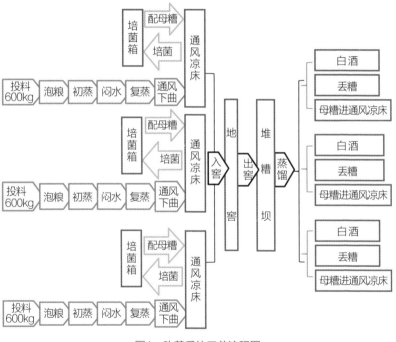

图1　改革后的工艺流程图

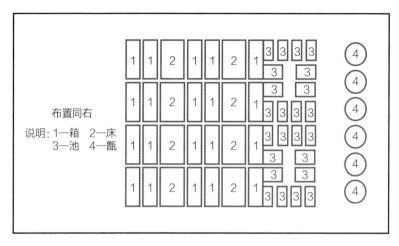

图2 小曲酒工艺改革车间布置图

2. 各工序的技术处理

① 蒸粮工序：蒸粮工序主要是使原料通过蒸煮，使其糊化，达到淀粉粒碎裂的目的。传统小曲酒生产操作法每排桶每天投料400kg，一套蒸粮设备蒸煮。工艺改革后设计每个班每天投料1800kg，如果进行统一蒸煮，在容器上无法解决，所以设计3套蒸粮设备同时蒸煮（即每甑600kg），同时能够达到粮食糊化均匀的目的。

② 培菌工序：传统小曲酒生产操作法熟粮出甑后采用三合土凉堂摊晾冷却，随时都可能因凉堂不洁造成杂菌感染。工艺改革后，第一，采用3个通风凉床同时强行冷却，将凉堂面积100多平方米缩小为通风凉床10多平方米；第二，沿用了传统工艺的地箱培菌，仍将1800kg粮食分成3个地箱同时培菌，同样能够达到全箱均匀的目的。通风凉床和地箱表面的设计为楠竹块制成，在整个培菌工序过程中均在楠竹块上面进行，同时，缩小了摊晾面积，缩短了摊晾时间，可减少杂菌感染，提高培菌箱的质量。

③ 发酵工序：采用3个培菌箱培菌成熟后集中于1个窖池发酵，由于发酵体积大，是否能控制窖内发酵温度，以及窖池的体型和窖池的材料对产品口感质量和出酒率影响，我们进行了对比试验见表1。

表1   窖池材料和窖池容积对出酒率、产品质量的影响

原料品种	窖池材料	容积/m³	日投料/kg	酢数	出酒率	感官情况
东北红高粱	石头	2×2×1.5=6	900	11	52.5	香气醇正、回甜、尾较净
东北红高粱	泥窖	2×2×1.5=6	900	11	52.05	香气较醇正，回甜，有明显的邪杂味，欠协调
东北红高粱	传统法石桶	2（0.5×3.14）×1.2=3.77	400	大面积	52左右	醇和，回甜，尾较净

根据对比情况，发酵升温均能控制在正常范围内，出酒率完全可以达到传统发酵设备的标准。从表1可以看出，泥窖发酵对口感质量有一定的影响，这是因为小曲酒属清香型酒类，泥窖容易感染其他微生物，经发酵产生清香型酒不需要的微量物质，使酒不协调，邪杂味重。所以，我们在设计窖池时选用以石头为材料的长方形窖池。由于设计投料比试验窖大，窖池的体形在试验窖的基础上只增加长度，不增加宽度。

④ 蒸馏工序：采用行车起窖统一堆码，分3套蒸馏设备同时蒸馏，与传统方法相同。

三、小曲酒生产工艺改革成果的应用

按照上述方法在江津曲酒厂新建一栋曲酒生产车间应用，该车间占地面积共3200m²，车间设计为双跨4台行车运行（车间布置示意图见图2）。

设8个班生产，设计年生产能力2700t，由于其他原因实际投入6个班生产，占用车间面积2800m²，从1989年开始试生产，全部使用东北红高粱。目前，这个厂成为四川小曲酒生产行业唯一集中规模生产的一家大厂。投产4年来，各项经济技术指标如下。

1. 与传统小曲酒生产方式相比产量情况见表2。

从表2可以看出，如果按传统工艺生产，该车间为10排酒桶，年生产能力只有800t，传统工艺同品种原料出酒率一般在52%左右。应用小曲酒工艺

改革成果后，在稳定出酒率的基础上，除第1年试产外，年均增产白酒1221t（因各种原因，尚未达到设计的投料量）。

表2			工艺改革的实际情况		单位：t
年度	产量	出酒率/%	传统工艺生产能力	新增产量	备注
1989	1250	52.17	800	450	试产
1990	2005	51.90	800	1205	
1991	2008	52.10	800	1208	
1992	2050	52.80	800	1250	
合计	7313	52.24	3200	4413	

2. 与传统小曲酒生产方式相比经济效益情况见表3。

表3	工艺改革的经济效益情况				单位：万元	
年度	传统工艺预测		应用工艺改革后实际		新增产值	新增税利
	产值	税利	产值	税利		
1989	254	40.80	397.5	92.01	143.5	51.21
1990	254	47.19	637.5	180.19	383.5	133.00
1991	254	60.24	638.5	198.11	384.5	137.87
1992	254	50.00	651.9	195.00	397.9	145.00
合计	1016	198.23	2325.4	665.31	1309.0	467.08

应用小曲酒生产工艺改革成果4年来，共新增工业总产值1309万元，新增税利467.08万元。除第1年试产投料不正常外，年平均新增工业总产值388.8万元，新增税利138.6万元。

四、小曲酒工艺改革后的优越性

1. 极大地减轻了工人的劳动强度

目前，小曲酒的传统工艺都是作坊式手工生产。有人计算，每个酿酒工人1d要步行5km多，搬运500多千克。酿酒工人说："前世不孝爹娘，这世才进糟房，其他行业都搞机械化，我们还比脚杆长"。充分反映了几百年来，小曲酒生产操作的旧貌和劳动强度大的客观事实。工艺改革后，除烤酒上甑时使用端撮外，其余全部使用行车吊运，基本上实现了工人们多年来盼望丢掉撮箕的愿望，减轻了劳动强度50%左右。

2. 提高了劳动生产率

传统生产操作工艺每排桶需要生产工人3人，每天投料400kg，平均每人每天投料133kg。工艺改革后，每个班9人，每天投料1800kg，平均每人每天投料200kg，提高劳动生产率50%，并节约人员4人。

3. 提高了车间利用率，减少车间占地面积，节约设备投资

传统工艺每排桶每天投料400kg，需面积280m²，工艺改革后，该车间面积共2800m²。每天投料12000kg，比传统工艺节约占地面积5520m²，利用率提高了2倍，节约造价80多万元。

五、结论

（1）采用工艺改革成果生产的小曲酒经鉴定，色香味及其他指标与传统法生产的小曲酒一致，能完整地保持固态法小曲酒质量，其工艺是成熟的。

（2）采用蒸粮、培菌、蒸酒分组，大窖集中发酵，通风凉糟，行车运输等措施，其设计合理，操作方便，能保持传统工艺的出酒率。经大生产验证，此法能大幅度地节约车间面积，减轻工人的劳动强度，降低生产成本，具有很好的经济效益和社会效益。

（3）有利于集中规模生产，适应现代化管理的需要，适用于小曲酒生产行业的技术改造。

（4）该车间采用的是土灶烧煤，如果改用锅炉，使用蒸汽效果更佳。

川法小曲酒桶内发酵动态初探

李　俊

四川省江津市德感镇　江津市酒类集团公司　632284

酿酒科技1995年第5期（总第71期）

关键词：川法小曲酒；发酵；醅桶（发酵桶）

长期以来，川法小曲酒是通过对发酵温度的监测和对吹口情况的观察来判断、控制工艺，缺乏桶内各发酵代谢产物产生的具体数据，特别是与成品酒中各主要香味成分密切相关的各成分的具体数据。本试验通过对各发酵阶段所产生的代谢产物的监测，初步摸清了发酵及副产物产生的规律，为进一步完善工艺控制提供了有力的依据。

一、方法

1. 取样方法

每24h对发酵桶的5个不同位置分别进行上、中、下3层采样，综合后备用；并同时做3个发酵桶的平行试验。

2. 分析方法

取以上综合样250g，加水250mL，于实验室直火蒸馏接取馏液100mL，进行酒精含量分析和气相色谱（川分SC-7）分析。

二、结果与讨论

1. 试验数据结果

试验结果见表1。

表1　　　　　　　　　　发酵各阶段的组分　　　　　　单位：mg/100mL

项目	成品酒	头吹	二吹	三吹	四吹	五吹
乙醇/%		1.61	9.99	11.98	12.89	12.80
乙醛	18.5	5.4	16.0	8.4	6.3	4.5

续表

项目	成品酒	头吹	二吹	三吹	四吹	五吹
甲醇	11.4		2.8		3.0	3.8
乙酸乙酯	57.4	5.5	7.3		3.8	3.4
正丙醇	29.6	2.2	3.9		4.7	4.9
仲丁醇	4.6					微量
乙缩醛	21.4			微量	微量	2.1
异丁醇	49.7	2.6	6.5	6.6	7.8	8.5
正丁醇	3.7					
异戊醇	96.2	3.1	13.9	16.4	16.6	17.5
乳酸乙酯	34.0	4.4	6.0	6.4	6.6	13.6

注：① 以上数据除成品酒外均为100mL蒸馏液中的含量；

② 乙醇含量为相对密度法测得。

2．结果讨论

① 对酒精含量的分析：从表1可见，发酵糟内酒精含量最高在四吹和五吹，此时酒精的主发酵已经基本结束，此时起桶蒸馏可得到最高出酒率。

② 对醛类的分析：川法小曲酒中的醛类主要为乙醛和乙缩醛，乙醛是酒精发酵的初级副产物，它由丙酮酸脱羧而成，在发酵初期，发酵糟内只含乙醛而不含乙缩醛（见表1），只有在发酵结束时才有微量的乙缩醛产生，而乙醛生成的最大值也正好是酒精发酵的旺盛期二吹之后，桶内乙醛含量下降，而乙缩醛开始出现。由此进一步说明乙缩醛是乙醛与乙醇的缩合产物，而并非发酵产生；这与酒在陈酿过程中乙醛减少而乙缩醛增加的现象吻合。

③ 对醇类的分析：醇类是酒精发酵的次生副产物，它的产生有两个途径：一是由相应的氨基酸脱羧生成醇；二是由酮酸脱羧生成相应的醛，如此产生的醛可加氢还原生成相应的醇，醇类不但自身是酒中不可少的香味成分，同时也是某些香味成分的中间产物。在川法小曲酒中主要有正丙醇、异

丁醇、异戊醇和甲醇等，这与发酵糟中所含成分吻合（见表1），在整个发酵过程中，醇类的积累一直是增加趋势，且积累速度与酒精发酵速度成正相关。

④ 对酯类的分析：作为酒精发酵次生副产物的酯类在酒中起着举足轻重的作用，它们含量的多少及它们之间的量比关系等，决定着产品的质量，在川法小曲酒中主要以乙酸乙酯和乳酸乙酯为主。从开始发酵到进入旺盛期（二吹），乙酸乙酯的生成量达到最大值；以后桶内持续高温，养分开始耗尽，新生成的乙酸乙酯便开始被酵母的代谢利用而消耗，于是桶内乙酸乙酯含量开始下降；而乳酸乙酯在高温下则不被酵母所利用，因而桶内乳酸乙酯的含量一直是上升趋势。作为醇溶性的乙酸乙酯在蒸馏时比水溶性的乳酸乙酯易于提馏，故在成品酒中的乙酸乙酯反而比乳酸乙酯含量大（见表1）。

提高"江津白酒"质量的研究与生产实践

周天银，李　俊

重庆市江津酒厂（集团）有限公司，重庆江津402284

酿酒科技2008年第2期（总第164期）

摘要："江津白酒"乃川法小曲白酒。通过对发酵周期、发酵池材料、晾糟设备等的研究与改进，选育生香酵母菌种，采用丢糟做培养基、培养固体香醅进行串蒸、分段摘酒、分级贮存等工艺，制定了白酒中有关微量成分的最佳比例，完善了勾兑工艺。开发的"金江津"系列酒，彻底解决了川法小曲酒因工艺问题造成口感方面苦涩味重的难题，大幅度提高了产品质量，其酒的乙酸乙酯含量达到150mg/100mL以上。

关键词：小曲白酒；生产工艺；提高质量

重庆市江津酒厂（集团）有限公司生产的几江江津白酒是以高粱为主要原料，采用川法小曲酒操作工艺，以纯种根霉、酵母为糖化、发酵剂，整粒原料经浸泡、蒸煮、培菌、续糟固态发酵、固态蒸馏而成。该酒种经四川省酒类科研所研究确定为小曲清香型白酒，与大曲清香、鼓曲清香并存。该酒的特点是用曲量小、发酵周期短、出酒率高。酒质具有清澈透明、清香醇正、醇和回甜的独特风格，深受广大消费者的喜爱。

为了满足消费者的需要，进一步发挥"几江"牌江津白酒的优势，江津市委、市政府以及主管部门多次提出要求，江津市科委下达科研计划，要求提高"几江"牌江津白酒的质量，生产高档产品。

我们历经了9个多月的试验，对川法小曲酒的生产工艺和使用的菌种都进行了系统的研究，分析了350多个酒样，取得了4000多个数据，进而研究出采用石材做发酵窖池、通风晾床晾糟、丢糟培养固体香醅、分段摘酒、分级贮存、完善勾兑工艺等措施，制定了酒中有关微量成分的最佳比例。开发生产的"金江津"系列酒，彻底解决了川法小曲白酒由于生产工艺所致的难以解决的口感质量问题。酒中乙酸乙酯含量从原来的50mg/100mL左右提高到150mg/100mL，其主体香味成分的含量达到了国家清香型优质酒标准。

1 试验方案的设计

1.1 酒体的设计

一是考虑在保持小曲酒原有风格的前提下，大幅度提高口感质量，二是改变小曲酒中各微量成分的比例和大幅度提高呈香呈味物质的含量。

首先分析同类香型国家优质酒与川法小曲酒理化指标的差异，见表1和表2。

表1　　　清香型白酒国家标准与川法小曲酒企业标准指标比较　　　单位：g/L

项目	总酸	总酯	乙酸乙酯
清香型优级酒	0.40~0.90	1.40~4.20	0.80~2.60
小曲酒优级酒	>0.30	>0.70	

从表1可以看出，清香型白酒标准中总酸、总酯含量明显高于川法小曲酒企业标准。

表2　　　几种国家名优酒和"几江"牌江津白酒主要香味成分分析

单位：mg/100mL

项目	酒精度/% 体积分数	乙酸乙酯	乳酸乙酯	总酸
汾酒	65	480.1	177.6	0.08594
六曲香	53	84.4	148.6	0.07295
哈尔滨老白干	55	186.3	61.5	0.08624
特制黄鹤楼	54	216.7	64.7	0.3184
几江牌江津白酒	52	52.7	23.7	0.04751

从表2可以看出，国家清香型名优白酒中，总酸和乙酸乙酯等成分明显高于"几江"牌江津白酒。

从表1、表2分析得出，在理化指标方面，"几江"牌江津白酒总酸和乙酸乙酯与其他清香型白酒差距较大，必须大幅度提高含量，才能全面提高酒质。

1.2 酿酒工艺和设备的研究

1.2.1 延长发酵周期

从理论上讲，酸和酯的生成与发酵时间成正比，即发酵时间越长，酸和酯的生成就越多，但发酵时间越长出酒率越低。所以设计发酵期试验为5～12d，进而优选最佳发酵期。

1.2.2 发酵池材料的试验

由于清香型白酒的口感特点主要体现在"清"和"净"上，如清洁卫生不好、杂菌繁殖，就会对酒的口感产生较大的影响。如汾酒采用地缸发酵。川法小曲酒发酵池采用砖、水泥、石材等制成，下面是黄泥底。试验分别设计用陶砖、瓷砖、石材3种材料作发酵池内衬进行试验，使其卫生，减少杂菌繁殖，达到白酒口感纯净、无邪杂味的目的。

1.2.3 改凉堂摊晾冷却为机械通风晾床冷却

为了便于清洁卫生，有利于掌握控制温度，改100m²的三合土凉堂摊晾冷却为10m²的通风晾床机械通风冷却。

1.2.4 生香酵母的利用

采用生香酵母菌种大幅度提高酒中乙酸乙酯的含量。

1.2.5 调味酒生产

采用特殊工艺生产不同口味、不同微量成分含量的调味酒。

1.2.6 摘酒、贮酒、勾兑工艺

分段摘酒、分级贮存，研究制定完善川法小曲酒勾兑工艺。

2 材料与设备

2.1 酿酒试验用原料高粱
江津本地产糯高粱。

2.2 生香酵母
江津酒厂集团生产，细胞数10.6亿个/g。

2.3 糖化酶
四川省泸州市酶制剂厂，酶活力4万U/g。

2.4 气相色谱议

SC–7型气相色谱议，备有CDMC–ICX型数据处理机，检测器为氢焰检测器（FID）。色谱柱：内径3mm，长2m，不锈钢DNP填充柱，由川分厂购得。

3 试验方法

3.1 发酵池材料和发酵周期的试验

在江津德感酒厂1个2排的生产车间，用12个发酵池为1排进行生产。分别用陶砖、瓷砖和石材各砌4个发酵池用同等操作方法和配料进行发酵试验，结果见表3。

表3　　　　　各种发酵池材料发酵和发酵周期试验结果

发酵期/d	实验酢数			合计
	石材池	瓷砖池	陶砖池	
5	3	4	4	11
7	4	5	5	14
9	5	2	5	12
11	5	6	5	16
合计	17	17	19	53

3.1.1 出酒率和白酒口感质量（表4）

表4　　　　　　　　出酒率和口感质量结果

发酵期/d	实验酢数	出酒率/%	口感质量
5	11	55.27	香、味较醇正，回甜，小曲酒风格突出
7	14	54.82	香、味较醇正，回甜，略有异味，小曲酒风格突出
9	12	54.38	香、味欠醇正，回甜，有明显丁酸乙酯气味，小曲酒风格欠佳
11	16	54.26	香、味欠醇正，回甜，异味明显加重，偏格

从表4可以看出，采用5d发酵的出酒率和口感质量均较好。随着发酵期延长，出酒率逐步下降，白酒口感异味加重。经分析，从7d发酵期开始出现丁酸乙酯，结果见表5。

表5 试验过程中丁酸乙酯的含量结果

发酵期/d	酯数	丁酸乙酯/（mg/100mL）
7	3	13.6
9	4	14.3
11	11	6.25

3.1.2 不同发酵池材料对白酒口感质量的影响（表6）

表6 不同发酵池材料对白酒口感质量的影响

发酵期/d	石材	瓷砖	陶砖
5	香气醇正，回甜，尾净，风格突出	香气较醇正，回甜，尾较净，风格突出	香气较醇正，回甜，尾较净，风格突出
7	香气醇正，回甜，尾较净，风格突出	香气醇正，回甜较净，略有异味，风格突出	香气醇正，回甜较净，略有异味，风格突出
9	香气较正，回甜，有丁酸乙酯，风格欠佳	香气较正，回甜，有丁酸乙酯味，风格欠佳	香气较正，回甜，有丁酸乙酯味，风格欠佳
11	有明显异味，偏格	有明显异味，偏格	有明显异味，偏格

从表6可以看出，用石材做发酵池，采用5d发酵，酒质口感较好。

3.1.3 各发酵周期和发酵池材料与酒中主要微量成分的关系

3.1.3.1 5d发酵（表7）

表7 各种发酵池材料5d发酵主要微量成分 单位：mg/100mL

项目		乙酸乙酯	乳酸乙酯	总酸/（g/100mL）
石材	上段	74.5	4.7	0.01462
	下段		14.2	0.220

续表

项目		乙酸乙酯	乳酸乙酯	总酸/（g/100mL）
瓷砖	上段	75.0	5.0	0.1582
	下段		14.6	0.02463
陶砖	上段	61.0	4.4	0.1655
	下段		15.4	0.2475
平均	上段	69.8	4.7	0.01576
	下段		14.8	0.02396

从表7可以看出，5d发酵，用石材和瓷砖作发酵池，白酒的乙酸乙酯含量最高，其他指标无明显变化。

3.1.3.2　7d发酵（表8）

表8　　　　　　各种发酵池材料7d发酵主要微量成分　　单位：mg/100mL

项目		乙酸乙酯	乳酸乙酯	总酸/（g/100mL）
石材	上段	134.4	9.4	0.03457
	下段		43.9	0.07047
瓷砖	上段	126.4	10.0	0.02851
	下段		50.1	0.05090
陶砖	上段	111.8	7.6	0.03181
	下段		33.4	0.05697
平均	上段	126.9	9.1	0.03144
	下段		42.9	0.05891

从表8可以看出，在7d发酵中，白酒的酯、酸含量均有所上升，石材作发酵池含量最高。

3.1.3.3 9d发酵（表9）

表9　　　　　　　　各种发酵池材料9d发酵主要微量成分　　　单位：mg/100mL

项目		乙酸乙酯	乳酸乙酯	总酸（g/100mL）
石材	上段	128.2	8.8	0.02646
	下段		431.9	0.04492
瓷砖	上段	113.0	11.7	0.02424
	下段		35.0	0.04086
陶砖	上段	82.6	7.4	0.02796
	下段		20.8	0.03974
平均	上段	107.9	9.3	0.02672
	下段		29.2	0.04209

从表9可以看出，在9d发酵中，乙酸乙酯继续上升，但仍以石材作发酵池含量最高。

3.1.3.4 10d发酵（表10）

表10　　　　　　　各种发酵池材料10d发酵主要微量成分　　　单位：mg/100mL

项目		乙酸乙酯	乳酸乙酯	总酸/（g/100mL）
石材	上段	134.4	9.4	0.03457
	下段		43.9	0.07047
瓷砖	上段	126.4	10.0	0.02851
	下段		50.1	0.05090
陶砖	上段	111.8	7.6	0.03181
	下段		33.4	0.05697
平均	上段	126.9	9.1	0.03144
	下段		42.9	0.05891

从表10可以看出，在10d发酵中乙酸乙酯含量继续上升，但仍以石材做发酵池含量最高。

从表6至表10可以得出：在不同发酵期中，石材做发酵池时白酒口感质量最好，出酒率最高。随着发酵周期的延长，各酯、酸成分逐渐递增（石材发酵池均为最高），但上升的幅度很小。经品尝鉴定，随着发酵周期的延长，白酒异杂味逐渐加重，同时出酒率逐渐下降。所以选择石材发酵池、5d发酵是较为合理的。

3.2 适合川法小曲酒生产工艺的生香酵母菌种的选育（略）

3.3 生香酵母培养应用试验

3.3.1 生香酵母池内发酵试验

取250kg混合糟，接入自制固体生香活性干酵母10kg，分别于发酵池的上层和下层进行7d发酵试验，主体香味成分含量检测结果见表11。

表11　　　　　　　生香酵母池内发酵主体香味成分含量

项目		乙酸乙酯/（mg/100mL）	乳酸乙酯/（mg/100mL）	总酸/（g/100mL）	总酯/（g/mL）
对照（5酢）	上段	102.0	6.6	0.03418	0.1263
	下段		34.3	0.06915	0.05019
上层（1酢）	上段	93.1	10.7	0.04471	0.1239
	下段		32.9	0.07905	0.04896
下层（4酢）	上段	129.8	10.1	0.03767	0.01520
	下段		50.8	0.07875	0.05896

从表11可以看出，池内发酵乙酸乙酯、乳酸乙酯和总酸上升幅度很小，说明生香酵母入池7d发酵这一方法达不到提高乙酸乙酯含量的要求。

3.3.2 对生香酵母产酯的变化情况进行监测分析

将1kg固体生香活性干酵母用10倍5%的麦芽糖水活化24h，与混合糟混匀入池发酵，每24h取糟醅1次于实验室分析。方法为：称取样品250g，加水250mL进行蒸馏，接取蒸馏液100mL，分析结果见表12。

表12　　　　　　　　　　生香酵母产酯变化情况

项目	发酵时间/h			
	24	48	72	96
乙酸乙酯/（mg/100mL）	5.2	6.7	5.9	4.9
乳酸乙酯/（mg/100mL）	5.1	6.1	10.9	17.5
总酸/（g/100mL）	0.05702	0.04265	0.04962	0.05502

从表12可以看出，在发酵过程中，乙酸乙酯的最大值是在48h时，以后逐渐下降。乳酸乙酯和总酸随时间延长而增加。这说明48h以后，发酵池内氧气基本耗尽，使生香酵母老化而无法进行酯的代谢，池内温度继续上升而酯又被分解，从而乙酸乙酯逐渐下降。所以，生香酵母入池发酵在川法小曲酒生产工艺中用来提高乙酸乙酯含量是不可行的。

3.3.3 利用丢糟培养固体香醅进行串蒸

培养固体香醅工艺流程见图1。

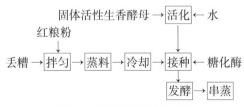

图1　培养固体香醅工艺流程

3.3.3.1 生香酵母活化

将固体活性生香干酵母用33℃热水溶解后加水稀释至1：10，保温33℃活化30min，或在蒸粮时取已蒸好准备出甑的熟粮3kg，加糖化酶拌匀后，于70℃保温糖化2h后，加水调至35℃左右，接入生香活性干酵母200g活化10h备用。

3.3.3.2 培养基的制备

取丢糟150kg与10kg高粱粉拌匀，待烤酒完后出甑前装入甑内蒸熟（掌握在淀粉浓度8%，酸度0.9左右，水分含量50%~55%为宜），出甑摊晾冷却至60~70℃时，加糖化酶250g，保温糖化2h备用。

3.3.3.3 接种

将培养基通风冷却至27℃左右，接入已活化好的生香酵母液拌匀后堆积。

3.3.3.4 培养

接种的香醅堆积4h后品温开始上升，9h后品温达32℃，此时可翻造1次，使其吸氧均匀，同时降低品温，视室温高低掌握厚度。在整个培养过程中品温不得超过35℃。培养14h以后，香醅具有浓郁的乙酸乙酯香味，此时即可使用，或采取密封的方法控制温度备用。

3.3.3.5 串蒸

蒸酒时，将培养成熟的香醅于甑上层串蒸，每甑酒串蒸香醅150~200kg，分上、中、下3段摘酒，分别贮存，串蒸效果见表13。

表13　　　　　　　　　　香醅串蒸主要香味成分含量

项目	上段	中段	下段
乙酸乙酯/ （mg/100mL）	450.5	18.0	—
乳酸乙酯/ （mg/100mL）	15.1	18.9	38.7
总酸/（g/100mL）	0.03821	0.03590	0.05964

从表13可以看出，通过丢糟培养固体香醅串蒸可大幅度提高酒中乙酸乙酯的含量。

3.4 调味酒生产

3.4.1 双轮底发酵生产调味酒

川法小曲酒生产工艺，由于发酵时间短，主体香味成分中乳酸乙酯含量普遍偏低，影响酒的后味，参照浓香型酒双轮底的生产方法，提高酒中乳酸乙酯含量作为调味酒使用。即：将投料600kg原料的发酵池，在蒸酒时取出300kg蒸馏，然后再投料300kg入池发酵，使其原醅池内的发酵糟再发酵1个周期进行蒸馏，双轮底酒醇厚，香味特浓，其主要成分含量见表14。

表14 双轮底发酵产酒主要成分含量

检测项目	上段	下段
乙酸乙酯/（mg/100mL）	32.6	—
乳酸乙酯/（mg/100mL）	24.7	90.8
总酸/（g/100mL）	0.02824	0.05219

从表14可以看出，乳酸乙酯含量显著提高，可做调味酒使用。

3.4.2 利用黄浆水发酵制作调味酒

取黄浆水200kg盛于酒缸内加曲使其继续发酵。由于黄浆水中各种呈香呈味物质和微生物均比较丰富，经补充养料加曲发酵后蒸馏，根据所需馏分取液，所得蒸馏液具有丰富的香味物质，酸味均很醇正，可增加成品酒的酸度和酒的丰满醇厚感，是理想的调味酒。

3.4.3 采用大、小曲混合发酵生产调味酒

在川法小曲酒生产工艺不变的条件下，加入20%的大曲入池发酵，采用高温、延长发酵期的方式生产高酯、高酸、微量成分较为复杂的调味酒。

3.5 勾兑

川法小曲酒历来都被人们认为是"土酒""低档次酒"。其生产过程，在研究勾兑方面重视不够，没有形成系统的勾兑工艺，所以产品质量不稳定，口感方面邪杂味较重。根据这次试验要求，在保持小曲酒固有风格的前提下，大幅度提高酒中酸、酯等主要香味成分的含量，达到全面提高白酒质量的目的。

将以上试验生产的各种成分的白酒和调味酒经贮存老熟后，逐一进行色谱分析，经若干次小型试验，找出最佳配方。同时经反复试验找出了各微量成分的控制范围，制定出了数学模型，完善了川法小曲酒生产勾兑工艺，然后进行批量组合勾调，开发出了"金江津"系列酒。大幅度提高了产品的质量档次，彻底改变了江津白酒是低档酒的落后面貌。其理化指标含量见表15。

表15　52%vol"金江津"酒与原52%vol"几江"牌江津白酒
　　　　微量成分含量对比结果　　　　　　　单位：mg/100mL

项目	金江津酒	几江牌江津白酒
乙酸乙酯	151.6	52.7
乳酸乙酯	27.7	23.7
乙醛	32.1	28.6
乙缩醛	20.0	11.9
甲醛	17.8	16.8
正丙醇	189.8	47.2
仲丁醇	13.3	8.9
正丁醇	8.6	7.3
异丁醇	52.1	51.5
异戊醇	93.3	106.4
总酸/（g/100mL）	0.08840	0.04751
总酯/（g/100mL）	0.1755	0.09255

从表15可看出"金江津"酒与原"几江"牌江津白酒比较，主要香味成分和总酸含量大幅度提高，其他微量成分也相应增加，达到了大幅度提高产品质量的目的。

4 结论与讨论

4.1 试验证明了川法小曲白酒确定5d发酵期，不管是从经济效益，还是从酒的质量方面来看都是可行的。

4.2 由于川法小曲酒生产设备和环境条件比较差，再加上续糟、地箱培菌等原因，容易造成杂菌感染，所以，延长发酵期，会使白酒异味加重。

4.3 采用石材做发酵池比用其他材料做发酵池生产的酒的口感质量好，这可能与材料的密度和微生物的繁殖有关。

4.4 采用生香酵母菌种，丢糟做培养基，培养固体香醅串蒸，能大幅度提高白酒中乙酸乙酯含量，其方法简单，成本低廉，容易掌握，便于推广。

4.5 完善了川法小曲酒生产勾兑工艺，从而保证了白酒质量的稳定，为微机勾兑，科学管理，奠定了基础。

4.6 采用该方法生产的"金江津"系列酒，没有改变工艺流程，对出酒率无任何影响。彻底解决了川法小曲酒邪杂味重的缺陷，在保留了小曲酒固有风格的前提下，提高了产品的质量档次，由于设备的改变，还可节约费用，经济效益显著。

4.7 在试验过程中，发现有己酸乙酯和丁酸乙酯的生成，可能与清洁卫生和泥盖密封有关。在生产中，除窖池底部均应改用石材外，应采用其他封窖材料，避免糟醅与泥的接触。

江津白酒勾兑技术

周天银

[重庆市江津酒厂（集团）有限公司，重庆江津 402284]

酿酒科技2009年第1期（总第175期）

摘要：江津白酒是川法小曲酒的代表。介绍了江津白酒的基础酒贮存、产品的酒体设计、勾兑、调味、加浆用水的处理及白酒过滤处理。

关键词：小曲白酒；酒体设计；勾兑；调味

江津白酒是重庆市江津酒厂集团生产的主要产品，该产品以高粱为原料，根霉小曲为糖化发酵剂，采用整粒高粱经浸泡、蒸煮、做箱培菌、续糟固态发酵，属正宗的川法小曲酒工艺生产的白酒。江津白酒有着深厚的历史背景，早在1957年和1964年就在江津和永川两地进行过2次全国性的生产工艺查定和总结，形成了"四川糯高粱小曲酒生产操作法"。因此，四川小曲酒生产得到了大力发展，生产技术和产量均全国领先，名为"川法小曲酒"。江津是小曲酒的重点发源地，产量居四川之首，知名度不断提高，在四川只要提起小曲酒，人们自然就想起江津白酒。1963年，江津白酒就被列入四川名酒行列，1993年，与六朵金花并列为四川七大名酒之一。重庆成为直辖市后，江津划归重庆。江津酒厂集团以此为契机，抓住机遇实现了快速发展。目前，年产销量达到30000多吨，形成了元帅酒、金江津、江津老白干等高、中、低档3个系列上百个品种，成为全国最大的小曲酒生产企业，在多次全国品酒师培训和考核会上，江津白酒均作为小曲白酒这一酒种的标准样品进行教学，成了全国小曲酒的代表。

早在20世纪90年代初，江津酒厂集团就率先引进了常规和高精检测设备，组织技术人员对小曲酒工艺进行了系统的研究，确立了勾兑工序，使产品质量大大提高，实现了小曲酒的中、高档系列化，随着勾兑技术的逐步完善，形成了一套完整的小曲酒勾调工艺技术，现浅述如下：

1 基础酒的贮存

1.1 贮存容器及设施

通过试验得出，小曲酒中微量成分较丰富，但含量较少，贮存老熟要比浓香型白酒快，贮存3个月就可以去除新酒异杂味，贮存6个月相当于浓香型白酒贮存1年的老熟程度。江津酒厂集团采用3种容器贮存，即陶缸、地池、不锈钢罐。以产品档次划分为：中档以上产品用陶缸贮存；低档产品用地池贮存；不锈钢罐用于勾兑、周转使用。

贮酒库均为楼房，最高有5层，底层为地池和不锈钢罐，2层以上为陶缸。每层楼都设有组合罐，用管道连接通往勾兑罐，即每栋楼、每一个角落酒缸里的基酒都可通过管道直接送入勾兑罐，操作十分方便。

1.2 基础酒贮存时间

根据产品档次来划分，大致是：低档酒贮存半年，中档酒贮存1年以上，高档酒贮存2年以上。

1.3 基础酒按品质验收入库办法

1.3.1 按原料划分验收

江津酒厂集团主要采用2种高粱原料生产，一是江津地区产本地优质糯高粱，二是东北饭高粱。2种原料由于产地和品种的差异，淀粉结构和物质成分含量不同。因此，2种原料酿造的白酒在品质上有着特殊的差异。在计划经济年代，由于江津地区产高粱酿酒品质优良，曾成为茅台、五粮液的原料基地。将这2种原料酿造的白酒分开贮存，主要是在勾调时有利于口感方面的搭配，本地糯高粱主要用于高档产品的生产。

1.3.2 按季节产酒入库

小曲白酒与其他酒种一样，由于气温的原因，夏季均要停产，但江津白酒在20世纪70年代就攻破了这一难关，全年均可生产，且产量无影响，但在基酒的口感上有一定的差别，可分为2个时间段，即：每年的9月至次年的4月和每年的5月至8月。从9月开始，本地高粱开始上市，购粮投入生产，由于原料新鲜无污染，气温很适宜小曲酒的生产条件，能够达到嫩箱、低温的要求，因此，基酒醇净、粮香、糟香突出，醇甜味好。夏季气温高，糖化发酵温度不易控制，杂菌容易繁殖，基酒口感粗糙，容易产生异杂味。将2个时间段的基酒分开贮存，在勾兑时有利于进行互补。

1.3.3 特殊工艺的基酒按质验收入库

1.3.3.1 生香酵母生产工艺

随着市场的变化，目前，江津白酒很大部分都是低度酒，如按传统的小曲酒工艺生产，白酒加浆降度后达不到香味成分含量的要求，口味淡薄，出现水味，所以采用生香酵母参与发酵的这一工艺措施，提高主要香味成分的含量。但这一工艺比较复杂，生产季节性强，生产时间及数量要通过销量来进行计算后作生产安排，在验收入库时有明确的指标要求，贮存的地方也有严格的规定。

1.3.3.2 黄水发酵酒

黄水是糟醅发酵后产生的废水，将合格的黄水全部搜集起来，通过接种发酵等特殊工艺处理，蒸馏取液，入库贮存。由于这一品种用量大大超过调味酒的用量范围，因此，成为基础酒进行贮存管理。

1.3.3.3 基础酒分类验收入库要求情况（表1）

表1　　　　　　江津酒厂基础酒验收入库要求情况

品种	酒度/ （%vol）	总酯/ （g/L）	乙酯/ （g/L）	总酸/ （g/L）	口感	备注
糯高粱酒	>62	>0.8	>0.6	>0.5	合格	其他指标略
饭高粱酒	>60	>0.8	>0.6	>0.5	合格	其他指标略
生香酵母酒	>60	>3.2	>3.0	>0.5	合格	其他指标略
黄水酒	>20	>1.0	>1.0	>2.0	合格	其他指标略
不合格酒					有异杂味	某项不合格

从表1可以看出，常规生产对质量没有严格的要求，主要是控制异杂味，对特殊工艺的酒指标要求严格也是工艺规定控制的重要手段。

2 酒体设计

笔者认为：在新产品开发时，首先要进行产品的整体设计，如外包装纸盒的设计、玻瓶的设计、产品内在质量的设计（即酒体设计）。酒体设计是产品整体设计的一部分，某一定型产品在市场上销售一段时间后，根据消费者意见需要改进，这时确定是否需要修改或重新进行酒体设计。

江津酒厂集团根据市场需要、消费者的喜爱，结合本企业的技术能力所能达到的质量水平这三者之间选择最佳方案，通过系统的研究，弄清了各微量成分在酒中的量比关系，不断完善，对各档次的产品制定了不同的数学模型，即色谱骨架成分和口感质量配方。各微量成分的含量均有严格的指标范围，并有自己独特的特点。在口感方面也确定了各品种自身独特风格，形成了一套完整的执行标准。

3 勾兑

勾兑就是进行基酒的组合，就是勾兑师们在酒库里所有的基础酒中进行选择、搭配、组合出符合已设计定型的产品质量的基本要求，然后再选择适合的调味酒来弥补其不足，达到完全符合该产品的质量要求的目的。当然，在同一质量的酒源范围内，不同的勾兑师可以勾兑出不同质量的成品酒来，这与勾兑师的技术有非常重要的关系。

基础酒在验收入库前就已确定该酒经贮存后成为什么档次的基酒产品，在小样试验时按拟定的比例取样品尝，如达不到质量要求，就调整配方比例，直至理化指标达到色谱骨架成分和口感质量的要求，江津酒厂集团基酒组合方法举例见表2。

表2 基酒组合方法情况

基础酒酒源情况		组合产品档次		
		中高	中	中低
本地糯高粱酒（春秋季产）	存1年以上/%		40	5
	存2年以上/%	70		
饭高粱酒（春秋季产）	存半年以上/%			40
	存1年以上/%		20	
	存2年以上/%		10	

续表

基础酒酒源情况		组合产品档次		
		中高	中	中低
饭高粱酒（夏季产）	存半年以上/%			30
	存1年以上/%		10	5
高酯酒/%		28	18	16
黄水发酵酒/%		2	2	4

表2中数据只表示组合方法，不代表真实数据，因为比例是变动的。从表2中可以看出，越是高档的白酒，糯高粱酒的比例越多，春秋季生产的酒越多，贮存时间越长。

4 调味

调味应是勾兑工序的一部分，起到画龙点睛的作用，大样组合后，只能达到酒体骨架的要求，离合格产品还有一定的差距，一般情况下都会存在某些缺陷，如前香不足或后味淡薄、醇甜欠佳、酒体粗糙、欠爽净、细腻程度达不到要求等，就要由勾兑师选择适应性强的调味酒进行弥补。调味是一项较复杂的技术，一般情况下缺什么补什么，但在实际操作中也不是那么十分容易，由于微量成分的量比关系在酒中的变化对酒的口感影响十分复杂，有时要反复选择调味酒，多次试验，有时时间长达1个月以上才能达到要求。

调味酒在理化指标和口感方面都具有独特的特点，是企业根据自身的情况，用特殊工艺有针对性生产的产品。调味酒的质量、数量、品种的多少，往往能体现该企业的技术实力。江津酒厂集团通过多年的研究实践，开发应用了10多种调味酒，并贮存了较大数量5年、10年以上的老酒，这是企业发展、新产品开发的必备条件，现介绍几种常用的调味酒。

4.1 酒头、酒尾调味酒

将每天生产的酒头、酒尾集中起来，贮存到一定时期后使用，酒头可增香，解决酒体淡薄的问题，酒尾可增加后味的厚实感，特别适宜在低档酒调味中应用。

4.2 黄水调味酒

用特殊工艺制作提取的2种调味酒，一种是有特殊的糟香，能增强酒的典型性；另一种有特别的酸味，能增强酒体的醇厚感。

4.3 米香调味酒

采用糯米为原料研制而成，具有浓郁的β-苯乙醇香气，能增加酒的特殊香气和风味。

4.4 高酯、高酸调味酒

该调味酒结合大曲、小曲工艺优点，采用长期发酵生产，总酯、总酸含量特别高，微量成分十分丰富，能增强酒的特殊糟香和酒体的醇厚感，特别适合低度酒的勾调。

4.5 老酒调味酒

有贮存5年、10年以上的调味酒，可增加酒的陈味和酒体细腻度，是一种常用的调味酒。

4.6 药香调味酒

这种调味酒比较特殊，是在传统小曲中添加100多种中药材发酵生产的，具有特殊的药香味，在用量恰当的情况下，能使酒中各种香味达到平衡，使酒醇和、丰满、协调，且品不出药香味，不会破坏酒的风格。

4.7 多种香型的酒作调味酒

大曲清香、浓香、酱香型白酒均可分别用作小曲白酒的调味酒。只要用得恰当，都能起到微妙的作用。

5 加浆用水的处理

小曲酒的主要口感特点是清爽，酒中香味成分仍然比较齐全，但含量比其他酒种要少，对加浆用水的要求是否简单一些，没有作过详细的研究。但要根据水源情况因地制宜选用处理方法。江津酒厂集团在川渝两地有多个生产点，水源有长江水、山泉水、地下水等，也用过多种处理方法，后来主要选择离子交换处理，水质较差的水再加活性炭过滤即可。

6 白酒过滤处理

白酒加浆降度后，特别是低度白酒，会出现浑浊，有时还会出现一些杂味，因此白酒加浆降度后就要对酒进行处理。目前，酒的处理方法很多，如活性炭处理、冷冻处理、直接过滤处理等。应选择经济、方便、适用的方法。根据多年的生产实践，小曲酒选用大东白酒净化处理设备，能去除部分白酒加浆后出现的邪杂味，虽对香味成分有很微量影响，自可通过调味的方法来弥补，最后再采用硅藻土过滤，完全可以达到理想的效果。

7 结束语

小曲酒的生产，多用纯种根霉为糖化发酵剂，发酵时间短，从理化指标和口感质量来看，每天产酒质量差距较小，只有在原料品种、酿造季节方面口感质量有一定的差异，但没有被人们重视。因此，要从勾调工艺来大幅度提高产品质量难度较大，所以，小曲酒勾调在整个白酒行业中起步较晚。江津酒厂集团通过对生产工艺系统的研究，在基酒生产方面采取一系列措施，提高了基酒口感的纯净度，采用特殊工艺提高酒中微量成分的含量，将不同粮源、不同季节的基酒分别贮存、研究开发不同风格特点的调味酒，形成了一套完整的小曲酒生产、贮存、勾调技术，打破了小曲酒品种单一化的格局，形成了高、中、低档酒的系列产品结构，推动了企业的较快发展。

粉碎原料生产小曲白酒工艺研究

文明运，向　昕

（重庆钓鱼城酒业有限公司，重庆 合川　401519）

酿酒科技2010年第6期（总第192期）

摘要：将原料粉碎后使用高产曲酿制小曲白酒，对生产过程的水分、温度、pH、发酵时间、粉碎粒度对工艺的影响及配糟用量与出酒率的关系进行研究。结果表明，该工艺可行，可节约成本，减轻劳动强度，经济效益好。

关键词：小曲白酒；粉碎原料；生产工艺

近年来，高粱价格一路上扬，不少小酒厂采用玉米、小麦、稻谷等原料与高粱分轮次投料，并将原料粉碎后生产小曲白酒，既保持了小曲白酒的风味，又降低了成本。该工艺的曲药系采用含高活性淀粉酶的复合曲（市面上又叫高产曲），通过特定工艺生产的小曲白酒既要保留固态法小曲白酒的传统风味，符合小曲白酒质量标准，又要使原料中的淀粉较彻底地转化为葡萄糖，然后发酵生成乙醇。该工艺使淀粉利用率达到80%以上，提高出酒率5%以上，降低能耗30%以上，而且还能减轻工人劳动强度，缩短劳动时间，提高场地设施使用效率，达到提高经济效益的目的。

1 材料与方法

1.1 实验材料

主要原料：高粱、玉米、小麦。主要辅料：谷壳。曲药：由合川市钓鱼城酒曲厂提供。

1.2 工艺流程及操作要点

① 工艺流程（见图1）

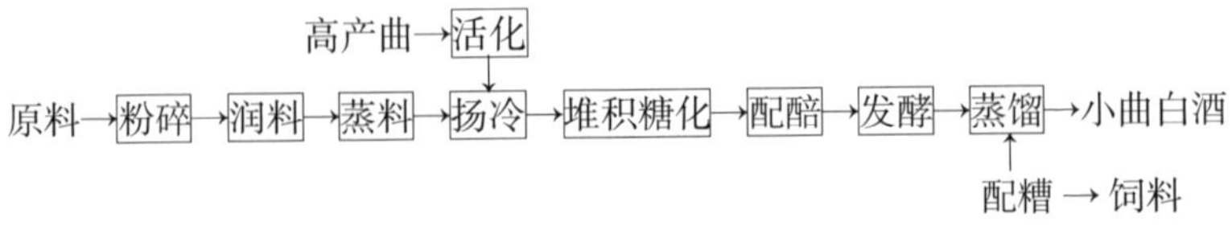

图1　粉碎原料生产小曲白酒工艺流程

与传统小曲白酒生产工艺比较，新工艺增加了粉碎、润料工序，减少了浸泡、初蒸、闷水、复蒸等工序，收箱培养也改成了堆积糖化，使工作量和作业时间大大减少。

②新工艺操作要点

粉碎：所有原料都必须通过粉碎，粉碎粒度视原料而定，通常以直径为1.5～2mm筛孔为宜。

润料：将原料与母糟拌和后（比例可视原料品种粗细定），加15%～25%清水混合均匀，收堆润料。润料时间夏季为2～3h，冬季为4～6h。

蒸料：将润好的原料加入10%～20%的谷壳拌匀后，上甑蒸粮，须边穿汽边上甑，上大汽后蒸15min，将甑内粮食倒翻1次，3～5min后出甑。

曲药活化：用曲量为投料量的1%，用水量按投料的30%即1∶30的比例。水温为（38±1）℃，活化时间控制在60～90min。

下曲：将出甑熟料用扬糟机扬散摊晾，待温度降至42℃左右（夏天42℃、冬天45℃），将准备好的曲药活化液搅拌均匀并泼洒至熟料上，翻拌2～3次后收堆糖化。

糖化：堆积糖化的品温需保持在36℃左右（夏天34℃、冬天38℃），保温120min左右，此时糖化还原糖应在5%，出堆酵母应为0.2亿，口尝甜味明显。配醅：将糖化好的粮糟与配糟［比例为1∶（4～6）］混拌均匀，配糟时温度不能过热或过凉，配醅后入窖混合糟温度宜控制在23℃左右（夏季平室温）。

发酵：入窖时需将糟醅尽量踩紧，然后密封窖口，不能漏气，每天都应检查加固，发酵6～7d。

蒸馏：将发酵完毕的发酵糟按照轻撒匀铺使甑面穿汽平整的办法沿甑，满甑后立即压盘蒸馏。蒸馏时力求火力平衡，截头去尾，确保流酒质量和产量。

1.3 试验分析项目及方法

水分：采用称量法，将样品烘干至恒重计算失水率。

淀粉含量：盐酸水解后用蓝-爱农法测定。

还原糖：用反滴定法测定。

酸度：用中和滴定法测定。

出堆酵母：采用平板稀释计数法，样品浸泡后在600倍显微镜下计算酵母细胞数量。

2 结果与方法

2.1 水分、温度、pH、时间对工艺的影响

从高产曲的构成看，主要含淀粉酶和根霉酵母等微生物，而微生物的繁殖、生长、酶分解都离不开水分、温度、环境、pH和时间，淀粉酶在作用时也同样要受这几个因素的影响和制约。

2.1.1 水分

酿酒过程中水分多少是一个十分重要的因素，如水分过大，蒸料踏汽，糟子现腻，给糊化、糖化和发酵都将带来困难；相反水分过低，微生物和酶同样不能很好地发挥作用，导致发酵不彻底，残余淀粉增加。

新工艺中水分的来源不像传统工艺，是在粮食泡、闷、蒸中控制，而是在润料加水量和活化液的水比例中掌握，这两次加水过程又必须视原料水分和母糟水分而定，一般而言，总加水量控制在45%～60%。

2.1.2 温度

根据淀粉酶的适应温度和微生物的生长温度来确定活化水温和堆积糖化温度，活化时，水温控制在37～39℃，既能保证曲药里有效物质不受损失，又能吃水迅速、恢复酶与微生物功能的作用，在堆积糖化时，温度控制在36℃左右，不宜超过38℃，因为根霉最高的培养温度为32～34℃，酵母最适培养温度为27～30℃，糖化酶最佳糖化温度为50～55℃，这时酵母和根霉迅速培养，糖化酶虽然不是最佳糖化温度，但这阶段主要是创造良好的条件，使根霉与酵母迅速生长和繁殖并合成酶系，而不要求彻底完成糖化，为后期边糖化边发酵作准备。这时的温度如果太低，糖化时间长，容易生酸、感染杂菌，如温度过高，酵母易衰亡，且糖分急剧积累，使发酵机理不平衡，造成短产。

2.1.3 酸度

固态小曲酒的传统风味离不开各种有机酸的酯化反应，所以发酵必须创造一个和谐的偏酸环境，且糖化酶、根霉、酵母生长和作用时都有一个pH的最适环境，酵母pH为4.5，根霉、糖化酶pH为5，如果配糟酸度过大，边糖化边发酵过程不能正常进行，而且生酸必须消耗糖分，影响出酒率的提

高，如果酸度不足，酒体风味也会受影响，所以，通过控制水分、谷壳用量，掌握配糟酸度为0.8～1.2为宜。

2.1.4 时间

操作工艺中各工序都涉及时间的问题。如润料时间不够，原料、吃水不均匀，淀粉糊化不彻底，时间过长则易生酸；蒸料时间过短，淀粉糊化不彻底，时间过长易使淀粉在高温条件下转化为焦糖，意外增加不可转化物质；糖化时间不够，酵母培养数太少影响发酵，出堆还原糖太低，不利于进窖后初期发酵的正常进行，时间过长又要造成酵母数量过大，杂菌繁殖消耗糖分，还原糖太高，入窖后前期发酵过猛，酒精积累太快，抑制后期发酵。糖化控制好坏以出堆原糖和酵母数来衡量，原糖宜控制在4%～5%，酵母控制在0.15亿～0.2亿/g为宜，其与出酒率的关系见表1。

发酵时间的长短则是酒质控制的关键，传统工艺发酵5d与新工艺发酵5d总酸和总酯有一定差距（见表2），将发酵时间延长到6d、7d、8d、12d进行观察，认为发酵时间延长1～2d完全能达到比较好的效果（见表3）。

表1　　　　　　　　　糖化质量与出酒率的关系

项目	时间	原糖/%	酵母/($\times 10^8$)个	出酒率/%
1	958.29—9.19	4.24	0.126	57.10
2	959.19—9.25	4.36	0.148	58.70
3	959.26—10.3	4.47	0.196	57.95

表2　　　　　　　　　新工艺与传统工艺发酵5d酒质对照表

项目	酒精度/（%vol）	总酸/（g/L）	总酯/（g/L）	杂醇油/（g/100mL）	甲醇/（g/100mL）
新工艺	59.97	0.582	0.616	0.149	0.0176
传统工艺	59.71	0.899	0.845	0.154	0.0209

表3　　　　　　　　不同发酵时间与酒质对照表

项目	5d	6d	7d	8d	12d
总酸	0.582	0.702	0.79	0.828	0.89
总酯	0.616	0.882	1.141	1.224	1.262
杂醇油	0.149	0.116	0.1	0.133	0.107
甲醇	0.0176	0.02	0.02	—	0.02

2.2 粉碎粒度对工艺的影响

参考了麸曲白酒的生产工艺，原料粉碎可以促进淀粉均匀吸水，加速膨胀，利于蒸煮糊化。通过粉碎还可增大原料颗粒的表面积，在糖化发酵过程中以便加强与曲酶、酵母的接触，使淀粉尽量得到转化，利于提高出酒率。但也不是粉碎得越细越好，过细则必须增加填充剂以调节疏松度，影响酒质，而且能耗相当大，粉碎设备消耗也大。过粗则达不到以上目的，通过实验，笔者认为，粉碎粒度高粱为1.5mm为宜（见图2）。

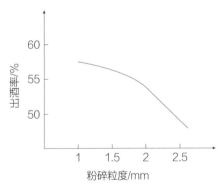

图2　粉碎粒度与出酒率的关系（高粱）

2.3 配糟用量与出酒率的关系

在固态法小曲发酵工艺中均匀配入大量酒糟，主要是为稀释淀粉浓度，调节酸度和疏松酒醅，并能供给微生物一些营养物质，同时酒糟通过多次发酵，能增加芳香物质，对提高成品白酒的质量有利，新工艺的原料经过粉碎,更需一定量的酒糟来疏松酒醅和调节淀粉浓度,控制发酵速度。 配糟用量与出酒率的关系如图3。 因此,1∶6的配糟能保证出酒率达到最佳点。

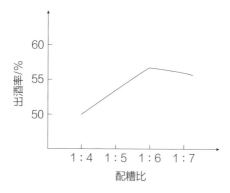

图3 配糟用量与出酒率的关系

2.4 生产实验结果

经过一年多的实验,根据不同季节,确定不同的小组作为试验组,通过对产酒情况和节能情况的比较,该工艺完全可以达到预期效果。

2.4.1 酒质

酒质经重庆市质检所检测,符合 DB50/T15—2008《小曲酒》的标准要求(见表4)。

表4　　　　　　　　　　　　新工艺酒质检测表

检测项目	酒精度/ (%vol)	总酸/ (g/L)	总脂/ (g/L)	甲醇/ (g/100mL)	杂醇油/ (g/100mL)	固形物/ (g/L)
技术指标	实测值	≥0.30	≥0.70	≤0.04	≤0.2	≤0.40
第一批	62.5	0.65	1.33	0.02	0.10	0.13
第二批	62.3	0.68	1.37	0.02	0.10	0.07
第三批	61.8	0.69	1.37	0.02	0.10	0.15

2.4.2 经济成本

通过2个试验组的应用与传统工艺平均数对照分析，新工艺比传统工艺的成本大大降低（见表5）。还不包括提高设备场地利用率的效益。

表5　　　　　　　新工艺与传统工艺车间成本比较表

成本构成	单价	新工艺		传统工艺	
		数量	金额	数量	金额
红粮/t	1750	1.73	3027.5	1.909	3340.75
煤/t	140	0.825	115.5	1.149	160.86
水/t	0.80	11	8.80	15	12.00
电/(kW·h)	0.60	34.5	20.7	2	1.2
谷壳/t			31.14		25.74
曲药/kg		17.3×9.00	155.7	5.73×5.00	28.65
其他			31.84		5.00
合计			3391.18		3574.2

2.4.3 降耗节能成效显著

① 由于采取了粉碎工序，提高了曲药的糖化酶含量和酵母含量，能大幅度提高淀粉利用率和出酒率，提高水平在5%以上。这对节约粮食、增加效益具有极大贡献。

② 在糊化过程中减少了浸泡、初蒸、闷水、复蒸工序，减少用水25%，节约燃煤32.4%，这对节能降耗起到积极作用。

③ 该技术采取堆积糖化，不做箱，减少占地面积，提高设备、设施利用率，为增量扩产奠定了基础。

④ 该技术减少泡粮、蒸粮时间，不收箱出箱，极大地减轻了工人的劳动强度和工作时间，具有良好的社会效益。

3 讨论

将原料粉碎使用高产曲酿制小曲白酒是小曲白酒生产的一个新的尝试，通过实验，证明该工艺是可行的，节约成本、减轻劳动量是可能的，但应用中仍有一些方面值得分析和讨论。

（1）该工艺要求用符合国家标准的自来水拌料、活化曲等，特别是高产曲活化时的用水是越清洁越好，以免曲药活化时，将水中的杂菌在合适的温度下，下曲时一并带入在糖化发酵时消耗营养，代谢其他物质抑制糖化发酵，影响出酒率。所以水质不好的地区，在春夏季最好用开水，冷却后作活化用水。

（2）因为高产曲的酶类主要是接触酶，未被酶接触的原料就有可能不能被糖化，所以要求操作时拌和一定要均匀，不能形成面疙瘩。粉碎粒度要达到要求，玉米、高粱等原料质地较硬，吸水性差一些，粉碎粒度就应小一些（≤1.5mm）；小麦、薯类质地较软，吸水性强，粉碎粒度就可以放宽到≤2mm，太糯的原料由于支链淀粉的链结构，黏度很大，不能很好地与糖化酶接触，致使糖化酶发酵不彻底，出酒率反而不如粳粮。

（3）新工艺由于将原料粉碎、蒸料、发酵、蒸馏，为了保持一定的疏松度和通透性，谷壳用量比传统工艺多一些，要保证酒质醇正，除了熟糠壳配料，设法降低谷壳用量也是一个值得探讨的课题，特别是原料粉碎后淀粉利用率大一些，残余淀粉相应减少，加上谷壳多，鲜酒糟不如传统工艺的酒糟好销售。

（4）对高产曲的研制还仅仅局限于有利糖化效果和酒精发酵，还没有引入生香微生物，提高酒的质量靠的是延长发酵期，这还待进一步实验。

参考文献

[1] 李大和. 白酒工人培训教材［M］. 北京：中国轻工出版社，1999.

小曲白酒生产经验总结

文明运，向　昕

（重庆钓鱼城酒业有限公司，重庆合川　401519）

酿酒科技2011年第4期（总第202期）

摘要：对小曲白酒生产工艺关键工序总结进行了叙述；对小曲白酒生产的培菌阶段、发酵阶段常见异常情况作了详述，提出了正确的处理方法，掌握正常的培菌、发酵与蒸馏方法。

关键词：小曲白酒；生产工艺；操作；总结

小曲白酒，也称川法小曲酒，是采用高粱等颗粒原料，以小曲作糖化发酵剂酿制的白酒。小曲白酒的酿制方法，是我国特有的民族遗产，也是几千年来酿酒祖先劳动与智慧的结晶。其主要工艺特点：使用整粒原料，采用纯种根霉和酵母为菌株，用曲量少，发酵期短，淀粉出酒率高，酒质醇香柔和，回甜纯净，工艺设备简单，适于中小型企业生产。重庆江津酒厂的几江牌金江津酒以其"醇香清雅、绵柔甘甜、清冽净爽、回味悠长"的独特风格，成为"中国白酒小曲白酒代表"，也是小曲白酒的龙头产品。小曲白酒在生产设备极为简单的条件下，能够掌握十分复杂的生物化学变化，使之达到良好的产酒效果，如果没有一套长期积累的丰富技术经验，是不可能达到的。因此，对小曲白酒生产技术经验进行总结探讨，对掌握实际操作具有重要意义。

1 小曲白酒工艺操作的经验总结

20世纪50年代初，是小曲酒生产技术的发展期，传统的白酒生产技术已不适应刚解放时国家工业发展要求。

1953年，四川省酒管局总结了《李友澄小组酿酒操作法》，蒸粮工艺取消"水回"而发明"旱回三水四造"，以及总结出的高产经验"匀、透、适"等关键技术要点，在四川、西南及中南地区推广应用。

1954年，万县冉启才小组又在李友澄生产工艺总结的基础上创造了《焖水蒸粮操作法》，1954年国家酒专卖局批准该工艺在全国推广应用，从而形成了较为系统的川法小曲酒生产操作工艺。

1955年，四川省商业厅对玉米小曲酒生产进行总结，提出"高扬散热，低倒匀铺，高温吃曲"等操作经验。四川省专卖局还进行了《克服酸箱倒桶经验总结》。

1957年，全国小曲白酒操作法在重庆永川进行试点，总结制定出《四川糯高粱小曲酒操作法》。

20世纪60年代中期，四川省专卖局组织两次试点，对小曲酒操作法进行修订，编写了《四川小曲酒操作工艺及检验方法》，从实践和理论上阐述了小曲酒生产规律。

历次的经验总结，都有十分精炼的概括，对生产工艺总结为"焖水蒸粮，柔熟泫清，培菌发酵，定时定温"。实践证明，这4句话不仅是糯高粱酿酒的关键，而且是一切淀粉质原料固态酿酒的关键。因为，原料柔熟才适合酿酒微生物的作用，泫少才有利于酶的接触。又因为糖化酶和酒化酶的生化作用，均需要有一定的温度和作用时间，如温度过高，酶的活力会钝化，甚至受到破坏，容易滋长杂菌，温度过低，又不适应酶的作用要求，因而要延长糖化发酵时间，既会打乱工序，又会给杂菌侵袭带来机会，发酵时间过长，酒醅生酸过多，影响下排生产。因此，温度过高或过低，时间过长或过短，均对酿酒生产不利。所以定时、定温培菌发酵是固态小曲白酒生产获得高产高质的关键。"匀、透、适"三个字是酿酒工艺不可忽略的要诀。蒸粮不仅要柔熟，并且要均匀，培菌发酵要讲究温度调匀，下曲均匀，配糟混匀；蒸煮工艺粮食要糊化透，培菌发酵工艺要求糖化发酵透；在温度、酸度、时间、水分等方面，更要掌握"适"，即适宜、适度。掌握好"适"度，就是要注意"灵活"二字的应用，如天冷或天热要随着室温变化改变操作时间和改变泡粮、蒸粮、培菌、发酵的水分、温度、时间诸条件，以适宜生产。厂房的地理条件和箱桶（池）的位置，即干燥或潮湿，通风、保温情况，这些都要根据具体情况灵活掌握，恰当配合。尤其在每天收箱装桶时，必须根据上酢的糖化和发酵情况来确定当日出箱老嫩和装桶品温，这是所有熟练工人在操作中牢牢掌握的一条重要诀窍。

"三减一嫩，四配合"是高粱酿酒和玉米酿酒操作经验，特别是夏季操作稳产、高产的重要经验，这几句话系在原来操作法基础上，减少初蒸时间、减少熟粮水分、减少用曲量，即"三减"；"一嫩"就是出偏嫩箱；"四配合"就是指入桶发酵，掌握好团烧温度与熟粮水分，培菌糟原糖（即箱的老嫩），配糟酸度的适当配合。

"低温、嫩箱、快装、紧桶"，这些是多年来总结的经验，主要强调控制箱温和发酵温度，强调出嫩箱，出箱后迅速入窖减少杂菌污染，紧桶就是根据酵母厌氧发酵的机理，尽快排尽空气，以利发酵正常进行。

对培菌箱上的管理，也总结了"三勤、二定、二不、三一致"的要求。三勤：勤换箱底谷壳、勤洗箱底、勤检查箱内温度变化；二定：定时、定温；二不：不出急箱、不出老箱；三一致：箱厚薄一致、温度一致、老嫩一致。这样才能使培菌箱达到要求，给入窖发酵创造条件，后来江津酒厂又总结了"严、勤、细、准、适、匀、洁、定、真、钻"十个字在酿酒操作中贯彻执行。

2 培菌发酵阶段常见异常情况及处理办法

2.1 培菌阶段

花箱：由于粮食软硬不匀、下曲不匀、温度不匀，造成箱老嫩不一。问题出现后，必须将箱嫩部分装在桶中心，或加适量曲药、温水等，促进糖化发酵，否则会减产。

酸箱：在夏天最易发生，主要是由于工具环境不清洁，或曲药质量低劣，熟粮水分过重，收箱温度过高，杂菌侵入起了作用。防止办法：①严格选用曲药产品，出现霉变受潮不能使用；②要经常保持工用具、环境、箱席、凉堂的卫生；③热天要选在室温最低的时候，用尽量快的箱，出嫩箱，并用酒尾或淡酒泼洒在培菌糟上或撒少量曲药，入桶将混合糟踩紧，排除空气，这样可抑制杂菌繁殖，从而挽回损失。

冷底箱：箱底层熟粮培菌不好，出现冷块状，是箱底潮湿或垫的谷壳过薄，或熟粮入箱温度低所致。防止办法：应勤换箱底谷壳，或每天出箱后，揭开箱席，将谷壳摊成行子，使水汽晾干，或另选干燥地方做箱。

烧箱快箱：由于室温高，收箱品温高，箱太厚，用曲量过多，曲质差、杂菌感染等因素造成，使微生物繁殖速度过快，有异味的就有杂菌感染，要采取酸箱的办法。无异味的，只需立即散热，提前出箱。

2.2 发酵阶段

升温快，发吹猛：是由于装桶时混合糟过热，如排出的二氧化碳气有热尾，有异味，或只升温无气体排出，是混合糟感染了杂菌。属于混合糟过热的原因，洒入适量冷水，下酢注意入窖温度，如夏季还应适当增加配糟，减少淀粉浓度。属于杂菌感染可用淡酒从（桶）窖池顶部泼入，立即密封，以抑制杂菌。

升温慢，吹口软：是由于天气太冷，入窖温度低，有的因粮食蒸得不好，培菌箱太嫩，或用曲过少，配糟水分重或酸度过重，抑制了糖化发酵。挽救办法：属前一种原因，可用适量沸水从桶口四周泼入以提高温度，如酸度过重，下酢适当减少配糟，补以谷壳，蒸馏时长接酒尾，提高配糟质量。

发酵快，断吹早：检查气味正常，只是温度略高，是混合糟入窖温度高，或用曲过重，老箱等原因使发酵作用提前，会导致后期大量生酸而短产。挽救办法：可提前蒸馏，下酢针对问题改进。

黄水多，产酒少：蒸馏时从窖内放出的黄水特别多，但产酒量少，是由于熟粮水分过重，培菌箱过老，配糟热，导致发酵迅速，后期时间长，生酸量大，部分酒变酸损失。补救办法：应分别根据情况改进，将熟粮水、装桶温度、培菌糟老嫩掌握适当。

3 如何掌握正常的培菌、发酵与蒸馏

3.1 正常的培菌

培菌的目的在于使用少量的曲种，通过一定基质一定时间的培养，扩大繁殖酿酒所需的根霉酵母，以利糖化发酵。小曲酒的工艺特点不同于任何酒类发酵的差异就在于此。液态法酒是单独直接加糖化酶糖化，固态的其他工艺，如大曲酒是加大曲直接入窖后糖化发酵，不需培养菌，所以用曲量大，麸曲酒也是直接利用鼓曲进行堆积或不堆积糖化，而小曲酒是做箱，边培菌边糖化，后期产糖靠的是培菌箱中培养出来的根霉产生的糖化酶进行的。所以用曲量只是0.2%或0.3%，而浓香型大曲酒曲药用量比小曲酒多200倍左右。

正常的培菌首先要掌握好熟粮水分和温度，注意工具清洁，适时均匀下曲，适时均匀收箱，入箱后的品温不能低于25℃，也不能超过35℃，通过盖箱使箱温前期10h内稳定不下降，后期微生物繁殖温度会自己保持或缓慢上升，培养好的箱底面，四边都糖化均匀，香甜味正，清糊绒籽，手挤有糖化液流出，闻起有醪糟甜味，反之如果温度高，上升迅猛，菌种繁殖不均匀，不绒籽，现怪味，出现花箱都属不正常培菌。

3.2 正常的发酵

在发酵阶段，微生物转化过程十分复杂，需要有适宜的温度、酸度、水分和淀粉含量（配糟比）相配合。实践证明，装桶温度高，熟粮水分重，培菌糟原糖多，是加速发酵的因素。酸度大、原糖少、水分轻是抑制或延缓发酵的因素。一般正常的发酵要求，团烧温度在22~24℃，出箱原糖2.5%~3.5%，配糟酸度1.1左右，入窖混合糟淀粉含量12%~14%，是装桶发酵配合恰当的范围，发酵过程中品温上升前缓、中挺、后期缓降，排出CO_2有力，前带醇甜，后期有酒香，说明是正常发酵。

3.3 正常的蒸馏

蒸馏的目的是把发酵好的酒从发酵糟中分离出来，并且要尽量减少挥发损失和保证酒的质量。第一，要注意搞好甑锅和冷凝器的清洁，防止异杂味带入酒内；第二，酒糟装甑要低倒匀铺，使上汽均匀；第三，火力要平稳，蒸馏到出现花时，更要注意不能大火，以免过早断花，将要断花时也不能加煤，影响火力，导致绵尾，应在断花后，才加大火力追酒尾，接酒时要坚持截头去尾，绒布过滤，还要注意控制流酒温度，使其低于室温，接近水温。

参考文献

[1] 曾祖训，赖永祥，曹炜等. 川法小曲白酒属小曲清香型白酒的研究——四川小曲酒香型确定的研究 [J]. 酿酒科技，1992，（5）：7~14.

参考文献

［1］康明官. 白酒工业手册［M］. 北京：中国轻工业出版社，1991.

［2］周恒刚，邢月明，金风兰. 白酒品评与勾兑［M］. 郑州：河南科学技术出版社，1993.

［3］周恒刚，邢晓晰，宋玉华，等. 大曲麸曲产酯酵母［M］. 郑州：河南科学技术出版社，1992.

［4］吴建平. 小曲白酒酿造法［M］. 北京：中国轻工业出版社，1995.

［5］刘强生. 利用黄水酯化发酵提高浓香型白酒质量［J］. 酿酒，1989（3）：10-12.

［6］康明官. 小曲白酒生产指南［M］. 北京：中国轻工业出版社，2000.

［7］华南工学院，无锡轻工业学院，天津轻工业学院，等. 酒精与白酒工艺学［M］. 北京：中国轻工业出版社，1981.

［8］曾祖训. 提高质量，着力品牌——促进川法小曲酒的发展［J］. 酿酒，2003（5）：5-8.

［9］曾祖训. 川法小曲白酒在技术创新中发展［J］. 酿酒科技，2005（9）：23-24.

［10］李大和，李国红. 川法小曲白酒生产技术（九）［J］. 酿酒科技，2006（9）：114-118.

［11］陈功，王福林. 白酒气相色谱分析疑难问答［M］. 北京：中国轻工业出版社，1996.

［12］华南工学院，无锡轻工业学院，天津轻工业学院，等. 工业发酵分析［M］北京：中国轻工业出版社，1989.

［13］王福荣. 酿酒分析与检测：第二版［M］. 北京：化学工业出版社，
2012.

［14］沈怡方. 白酒生产技术全书［M］. 北京：中国轻工业出版社，2015.

［15］蔡定域. 实用白酒分析［M］. 成都：成都科技大学出版社，1994.